U0324077

高等教育"十三五"规划教材

数据库技术与应用(SQL Server 2014)
实验指导与题解

主 编 蒋丽影 李建东

中国矿业大学出版社

图书在版编目(CIP)数据

数据库技术与应用(SQL Server 2014)实验指导与题
解 / 蒋丽影,李建东主编.—徐州：中国矿业大学出版社，
2017.8

ISBN 978 -7 -5646 -3566 -4

Ⅰ.①数… Ⅱ.①蒋…②李… Ⅲ.①关系数据库系统－高等
学校－教学参考资料 Ⅳ. ①TP311.138

中国版本图书馆 CIP 数据核字(2017)第 128572 号

书　　名	数据库技术与应用(SQL Server 2014)实验指导与题解
主　　编	蒋丽影　李建东
责任编辑	仓小金
出版发行	中国矿业大学出版社有限责任公司
	（江苏省徐州市解放南路　邮编 221008）
营销热线	(0516)83885307　83884995
出版服务	(0516)83885767　83884920
网　　址	http://www.cumtp.com　E-mail：cumtpvip@cumtp.com
印　　刷	徐州中矿大印发科技有限公司
开　　本	787×1092　1/16　印张 7.5　字数 187 千字
版次印次	2017 年8月第 1 版　2017 年8月第 1 次印刷
定　　价	15.00元

（图书出现印装质量问题,本社负责调换）

前　言

"数据库技术与应用"是一门具有较强理论性和实践性的专业基础课程,学习该课程需要把理论知识和实际应用紧密结合起来。本书是中国矿业大学出版社出版的教材《数据库技术与应用教程(SQL Server 2014)》一书的实验指导与习题解答,是与该教材配套的教学参考书。

全书由二部分组成。第一部分是"上机实验指导",将全部上机内容根据理论教学进度分解为 12 个实验,每个实验都由具体的实验目的、实验内容和实验步骤等组成,并与主教材中各章的教学内容相对应。为适合读者上机操作,弥补主教材对上机指导不足的缺陷,增强上机练习的目的性、针对性和连续性,本书对每次上机的具体内容都做了精心的组织和安排,并对实验的深广度进行了拓展。

第二部分是"习题及参考答案"。将主教材当中的习题以章为单位,对章中的每一题都给予了详细的解析,最后给出答案。众所周知,习题是教材的重要组成部分。SQL Server中除 T-SQL 命令外,还需掌握诸如流程控制语句、游标、触发器、存储过程及用户自定义函数等。为帮助读者逐渐熟悉这些内容,主教材在例题的基础上设计了一套新颖实用的习题。了解和掌握这些习题,将有助于读者提高应用 SQL Server 来解决实际问题的能力。

本书由长期担任"数据库技术与应用"课程教学、具有丰富教学经验的一线教师编写,针对性强、理论与应用并重、概念清楚、内容丰富,强调面向应用,注重培养学生的应用技能和能力。

本书由蒋丽影和李建东担任主编,所有程序和实验均在 SQL Server 2014 环境上验证通过。

本书的编写得到编者所在的创新实践学院以及中国矿业大学出版社的大力支持,在此对所有相关人员的工作与支持表示衷心的感谢。

由于作者水平所限,书中疏漏或不妥之处,敬请读者不吝指正。

编者

2017 年 5 月

目 录

第一部分 上机实验指导

第二部分 习题及参考答案

第一部分　上机实验指导

实验 1　数据库的创建与管理

一、实验目的

要求学生能熟练使用 SQL Server Management Studio(SSMS)界面的对象资源管理器及菜单功能创建数据库;使用 T-SQL 语句创建数据库;使用对象资源管理器分离和附加数据库。

二、实验内容

(1) 使用 SSMS 图形化方式和 T-SQL 语句创建数据库。
(2) 查看和修改数据库的属性。
(3) 修改数据库的名称。
(4) 分离和附加数据库。

三、实验步骤

(1) 熟悉 SQL Server Management Studio 的启动,掌握 SQL Server Management Studio 界面窗口的使用并理解各个菜单的具体使用及功能。

SQL Server Management Studio 是一个集成环境,用于访问、配置、管理和开发 SQL Server 的所有功能组件。SQL Server Management Studio 组合了大量图形工具和丰富的脚本编辑器,是一种易于使用且直观的工具,通过使用它能够快速、高效地在 SQL Server 中进行工作,如图 1-1 所示。

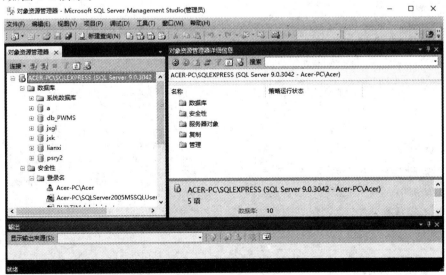

图 1-1　SQL Server Management Studio 窗口

① 注册服务器

a. 在 SQL Server Management Studio 中选择"视图"菜单中的"已注册服务器"选项。

b. 在弹出的"已注册服务器"窗口中选择"数据库引擎"/"本地服务器组"，点击右键，在弹出菜单中选择"新建服务器注册"选项，如图 1-2 所示。

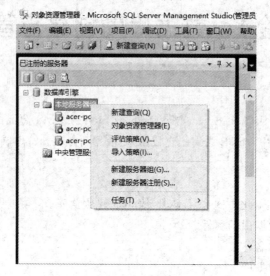

图 1-2　"已注册服务器"窗口

c. 在"新建服务器注册"窗口中有"常规"与"连接属性"两个选项卡。在"常规"选项卡中包括服务器类型、服务器名称、登录时身份验证的方式、登录所用的用户名、密码、已注册的服务器名称、已注册的服务器说明等设置信息，如图 1-3 所示。"连接属性"选项卡中包括所要连接服务器中的数据库、连接服务器时使用的网络协议、发送的网络数据包的大小、连接时等待建立连接的秒数等，如图 1-4 所示。

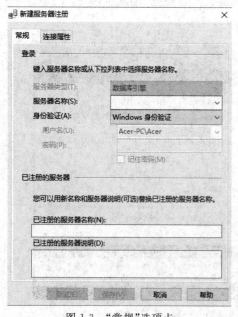

图 1-3　"常规"选项卡

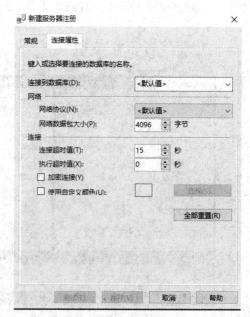

图 1-4　"连接属性"选项卡

d. 单击"保存"按钮即可完成服务器的注册。

② 新建查询

在 SQL Server Management Studio 中选择"新建查询"菜单,在编辑区内书写命令,单击"分析"按钮进行分析检查,如没有提示错误,则可单击"执行"按钮进行命令的运行,如图 1-5 所示。

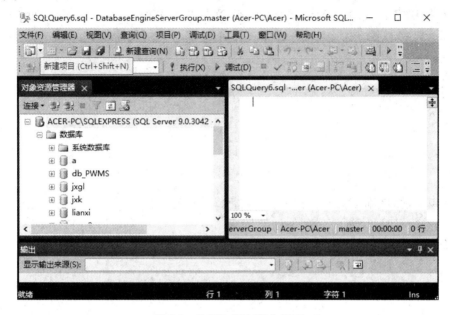

图 1-5　T-SQL 语句操作界面

③ 新建数据库

a. 在"对象资源管理器"中选择"数据库"文件夹,然后右击,在弹出的快捷菜单中选择"新建数据库"命令,弹出"新建数据库"对话框,如图 1-6 所示。

图 1-6　"新建数据库"对话框

b. 在"新建数据库"对话框的"数据库名称"文本框中输入"SPORT",数据库中数据文件的文件名、初始大小、保存位置以系统默认值即可,不用修改。

c. 单机"确定"按钮,就可以创建 SPORT 数据库。如果在 SQL Server Management Studio 中窗口中出现了 SPORT 数据库标志,则表明建库工作已经完成。

(2) 使用 T-SQL 语句创建数据库 jxk,存储在 D:\JXK\下。主数据文件名为 jxk.mdf,初始大小为 5 MB,增量为 1 MB,增长无限制;次要数据文件名为 jxk_1.ndf,初始大小为 5 MB,增量为 1 MB,最大为 20 MB;日志文件名为 jxk_log.ldf,初始大小为 2 MB,增量为 5%,限制为 320 MB。

命令:

(3) 用学过的存储过程对数据库 jxk 进行以下相关查看。

① 查看数据库和数据库参数信息。

命令:

② 查看数据库空间信息。

命令:

(4) 按下列要求修改数据库 jxk。

① 添加两个次要数据文件 jx_data1.ndf,jx_data2.ndf 和一个事务日志文件 jx_log1;

② 上述 3 个文件的保存路径为 d:\jxk;

③ 文件初始大小分别为 5 MB 和 3 MB,最大分别为 100 MB 和 10 MB,增长量分别为 5 MB 和 1 MB;

④ 日志文件 jx_log1.ldf 的初始大小为 5 MB,最大为 100 MB,增长比例为 15%。

命令:

（5）使用 T-SQL 语句将 jxk 数据库中的主要数据文件的初始大小由原来的 5 MB 扩充为 10 MB，日志文件的初始大小由原来的 2 MB 扩充为 4 MB。

命令：

（6）使用 T-SQL 语句删除次要数据文件 jx_data2.ndf。

命令：

（7）分别使用对象资源管理器和存储过程完成对数据库 jxk 的分离，并尝试移动数据库文件的位置。

命令：

（8）分别使用对象资源管理器和存储过程完成对数据库 jxk 的附加。

命令：

（9）使用存储过程将数据库 jxk 重命名为 jxk1。

命令：

(10) 使用 T-SQL 语句删除数据库 jxk1。

命令:

四、注意事项

(1) 在创建大型数据库时,要尽量把主数据文件和事务日志文件放在不同路径下,可以提高数据读取的效率。

(2) 可以使用 ALTER DATABASE、MODIFY FILE 语句修改数据库中的数据文件名和日志文件名。

五、思考题

(1) SQL Server 2014 物理数据库中包含哪些类型的文件?

(2) SQL Server 2014 中数据文件和日志文件的作用是什么?

实验 2 数据表的创建和管理

一、实验目的

要求学生熟练掌握使用对象资源管理器和 T-SQL 语句创建、修改和删除数据表结构，实现数据完整性管理。

二、实验内容

（1）使用对象资源管理器创建、修改和删除给定的表结构。

（2）使用 T-SQL 语句创建、修改和删除给定的表结构。

（3）使用对象资源管理器实现数据完整性。

（4）使用 T-SQL 语句实现数据完整性。

三、实验步骤

（1）数据表的定义

① 在 jxk 数据库中，使用对象资源管理器建立 xs（学生表）、kc（课程表）和 cj（成绩表）3 个表并完成相关约束定义，其结构如表 2-1～表 2-3 所示。

表 2-1 xs 表表结构描述如下

列　名	数据类型（宽度）	描　述	说　明
xh	char(6)	学号	主键
xm	varchar(10)	姓名	唯一约束
xb	char(2)	性别	只能"男"或"女"
csrq	datetime	出生日期	
bj	varchar(20)	班级	
rxcj	int	入学成绩	500～650 之间

表 2-2 cj 表表结构描述如下

列　名	数据类型（宽度）	描　述	说　明
xh	char(6)	学号	外键约束
kch	char(4)	课程号	外键约束
cj	tinyint	成绩	默认值80

表 2-3　　　　　　　　　　　**kc 表表结构描述如下**

列　名	数据类型（宽度）	描　述	说　明
kch	char(4)	课程号	主键
kcmc	varchar(20)	课程名称	允许空
xf	tinyint	学分	1～8 之间

　　② 在 sport 数据库中，使用 T-SQL 语句创建 sporter（运动员）表、item（项目）表、grade（成绩）表，表结构如表 2-4～表 2-6 所示。

表 2-4　　　　　　　　　　　**sport 表表结构描述如下**

列　名	数据类型（宽度）	描　述	说　明
sporterid	char(4)	运动员编号	主键
name	varchar(10)	运动员姓名	唯一约束
sex	char(2)	性别	只能"男"或"女"
department	varchar(40)	所属院系	

表 2-5　　　　　　　　　　　**item 表表结构描述如下**

列　名	数据类型（宽度）	描　述	说　明
itemid	char(4)	项目编号	主键
itemname	varchar(20)	项目名称	不允许空
location	varchar(40)	比赛地点	不允许空

表 2-6　　　　　　　　　　　**grade 表表结构描述如下**

列　名	数据类型（宽度）	描　述	说　明
sporterid	char(4)	运动员编号	外键约束
itemid	char(4)	项目编号	外键约束
mark	varchar(10)	名次	默认值"第一名"

要求：

a. 建立"运动员"表 sporter，sporterid（运动员编号）是主键，name（运动员姓名）取值唯一，sex（性别）取值"男"或"女"。

命令：

b. 建立"项目"表 item,itemid(项目编号)是主键,itemname(项目名称)和 location(比赛地点)不能为空。

命令:

c. 建立"成绩"表 grade,主键由两个属性构成,必须作为表级完整性进行定义;表级完整性约束条件,sporterid 是外键,被参照表是 sporter;表级完整性约束条件,itemid 是外键,被参照表是 item。

命令:

(2) 数据表结构的修改

① 使用对象资源管理器修改表结构

选定要修改的数据表,然后右击,在弹出的快捷菜单中选择"设计"命令,打开设计数据表结构的修改界面进行修改。

② 使用 T-SQL 语句修改表结构

先打开表所在的数据库,然后使用 ALTER 语句增加、修改或删除字段的相关信息。

a. 在 sport 表中增加 age(年龄字段),其类型为 tinyint,限制年龄在 15 岁到 30 岁之间。

命令:

b. 修改项目表 item 中的 location 字段长度为 50。

命令:

c. 删除项目表 item 中的 location 字段。

命令：

四、注意事项

（1）定义表结构时要注意数据类型、主键和外键的限制。

（2）定义表结构时注意数据约束的限制。

五、思考题

（1）数据库中定义主键的作用？

（2）数据库中主键与外键的关系？

（3）在数据库中，什么是数据完整性？

实验 3 数 据 操 纵

一、实验目的

要求学生熟练掌握使用对象资源管理器和 T-SQL 语句创建、修改和删除记录的操作方法。掌握使用 T-SQL 语句实现数据的简单查询。

二、实验内容

（1）使用对象资源管理器创建、修改和删除记录的操作方法。

（2）使用 T-SQL 语句创建、修改和删除记录的操作方法。

（3）使用 T-SQL 语句实现数据的简单查询。

三、实验步骤

（1）请用对象资源管理器将数据库 jxk 下面的 3 个表 xs、kc 和 cj 的数据补充完整。相应数据如表 3-1～表 3-3 所示。

表 3-1   **xs 表部分数据**

xh	xm	xb	csrq	bj	rxcj
100001	张宁	男	1995-12-27	工业 15-3	500
100002	李华	女	1996-1-12	工业 15-3	575
100003	王国松	男	1995-9-20	工业 15-3	587
100004	刘海	男	1994-12-12	工业 15-4	575
100005	张扬	女	1996-10-10	工业 15-3	589
100006	王一	女	1995-8-26	工业 15-4	550

表 3-2   **cj 表部分数据**

xh	kch	cj
100001	2001	67
100001	2002	70
100001	2003	56
100001	2004	80
100002	2001	89

xh	kch	cj
100002	2002	90
100002	2003	93
100003	2002	66
100003	2003	78
100003	2004	70
100004	2001	87
100004	2002	90
100005	2002	65
100005	2003	50

表 3-3 kc 表部分数据

kch	kcmc	xf
2001	大学英语	4
2002	高等数学	5
2003	计算机基础	3
2004	C语言程序设计	4
2005	数据通信	2

(2) 使用 T-SQL 命令完成数据的操纵

① 在教学数据库 jxk 中,向课程表 kc 中插入一行数据(3001,光纤原理,3)。

命令:

② 在教学数据库 jxk 中,向学生表 xs 中插入一行数据,其中 xh 为"200001",xm 为"张三",rxcj 为 579。

命令:

③ 在教学数据库 jxk 中,向课程表 kc 插入两行数据,kch 分别是:"16001","16002";
kcmc 分别为:"离散数学","SQL Server 数据库"。

命令:

④ 将 kc 表中课程名称为"大学英语"课程的学分改为"3"学分。

命令:

⑤ 将 kc 表中课程号为"2002"课程的学分修改为"4"学分,课程名称修改为"数值分析"。

命令:

⑥ 将 xs 表中所有学生的入学成绩增加 5 分。

命令:

⑦ 将 xs 表中所有入学成绩少于 500 分(含)的男生记录删除。

命令:

⑧ 写出删除 cj 表中所有记录的命令,用两种方法,不用上机运行。

命令:

（3）简单查询

① 查询 xs 表中所有学生的信息。

命令：

② 查询 xs 表中所有学生的学号,姓名,班级及入学成绩信息。

命令：

③ 查询 xs 表中所有学生的学号,姓名与年龄。

命令：

④ 查询 xs 表中所有学生隶属的班级。

命令：

⑤ 查询 xs 表中入学成绩前 3 名学生信息,要求带并列项。

命令：

⑥ 将 cj 表中所有学生的成绩乘以 1.1 输出并指定别名"成绩",用查询实现。

命令：

四、注意事项

（1）输入数据时要注意数据类型、主键和数据约束的限制。

（2）更改和删除数据时要注意外键的约束。

（3）查询数据时要注意数据所在的表及表间联系。

五、思考题

（1）数据库中一般不允许更改主键数据。如果需要更改主键数据,应怎样处理？

（2）为什么不能随意删除被参照表中的主键？

实验 4 数据查询(一)

一、实验目的

要求学生熟练掌握使用 T-SQL 语句进行数据查询,掌握 SELECT 语句的基本结构和多表连接查询。

二、实验内容

(1) 利用 SELECT 查询语句进行单表查询。
(2) 利用 SELECT 查询语句进行多表连接查询。

三、实验步骤

(1) 利用 T-SQL 语句在 jxk 数据库中实现单表查询
① 查询 xs 表中入学成绩大于 500 分的学生学号和姓名,并按入学成绩降序排序。
命令:

② 查询 cj 表中选修了课程号为"2002"且成绩在 80 到 90 之间的学生的学号和成绩,并将成绩乘以系数 0.8 输出。
命令:

③ 查询 xs 表入学成绩最高的学生学号和姓名。
命令:

④ 查询 xs 表各班级的学生人数。

命令:

⑤ 查询 xs 表入学成绩大于等于 550 分的各班级学生人数,仅显示统计结果多余 10 人的情况。

命令:

⑥ 查询 cj 表中每门课程的修课人数。

命令:

⑦ 查询 kc 表中学分最高的前三门课程的信息,显示并列项。

命令:

⑧ 查询 kc 表中课程名称中含有"程序"的课程信息,并将查询结果保存到表 cx 中。

命令:

⑨ 查询 xs 表中 1995 年以后所有男生的姓名、班级及入学成绩,并按入学成绩降序排列,入学成绩相同的按班级升序排列。

命令：

⑩ 查询 xs 表中班级为"工业 15-3"或"工业 15-4"班学生的学号、姓名、班级。要求用 IN 或 NOT IN 实现。

命令：

(2) 查询结果的集合运算

① 查询 cj 表中选修了"2001""2002"课程的学生的学号。(UNION)

命令：

② 查询 cj 表中既选修了"2001"课程，又选修了"2002"课程的学生学号。(INTER-SECT)

命令：

③ 查询 cj 表中选修了"2001"课程，但没有选修"2002"课程的学生学号。(EX-CEPT)

命令：

（3）内连接查询

① 查询所有选修了课程的学生信息与成绩信息。

命令：

② 查询"李华"修的所有课的成绩，要求显示该生的学号，姓名，班级，课程号和成绩，并按成绩降序排列。

命令：

③ 查询选修了"高等数学"课程的所有学生的成绩。要求显示姓名，班级，课程名称，成绩。

命令：

④ 比较"100001"，"100002"两名同学选修相同课程的成绩情况。（自连接查询）

命令：

（4）外连接查询

① 查询每名学生的学号、姓名、课程号及成绩，要求含未选课程的学生信息。（两种方法实现）

命令：

② 查询每名学生的学号、姓名、课程号及成绩,要求含所有学生的成绩信息。

命令:

(5) 交叉连接查询

① 查询所有学生可能的选课情况,显示学号、姓名、课程号、课程名称。

命令:

四、注意事项

(1) 查询结果的几种处理方式。

(2) 内连接、左外连接和右外连接的含义及表达方法。

(3) 输入 SQL 语句时应注意语句中均使用西文操作符号。

(4) 子句 HAVING(条件)必须和 GROUP BY(分组字段)子句配合使用。

五、思考题

(1) 在使用 T-SQL 语句查询时,如何提高数据查询和连接速度?

(2) 对于常用的查询形式和查询结果,怎样处理比较好?

实验 5　数据查询(二)

一、实验目的

要求学生熟练掌握使用 T-SQL 语句进行数据嵌套查询,掌握常用统计函数进行数据查询。

二、实验内容

(1) 利用 SELECT 查询语句进行数据嵌套查询。
(2) 利用统计函数进行数据查询。

三、实验步骤

(1) 嵌套查询
利用 T-SQL 语句在 jxk 数据库中实现下列嵌套查询操作。
① 查询与"王国松"同一个班级的学生的学号、姓名和班级。
命令:

② 查询"工业 15-4"班所有学生的成绩信息。
命令:

③ 查询没有成绩的学生的学号、姓名、性别、班级。
命令:

④ 查询入学成绩高于"工业 15-4"班所有学生的学生信息。

命令：

⑤ 查询 cj 表中成绩高于学号为"100003"的学生某科成绩的学号、课程号、成绩。

命令：

⑥ 查询选修课程门数超过 3 门的学生学号、姓名、班级。

命令：

⑦ 查询所有选修了课程号为"2003"课程的学生姓名。

命令：

⑧ 查询选修了"高等数学"的学生的学号和姓名。

命令：

⑨ 查询课程号为"2002"且成绩高于"张宁"的学生的学号和成绩。

命令：

⑩ 查询和"李华"的"计算机基础"课程分数相同的学生的学号。

命令:

(2) 统计查询

利用 T-SQL 语句在 jxk 数据库中实现下列统计查询操作。

① 查询选修了"计算机基础"课程且比此课程的平均成绩高的学生的学号和成绩。

命令:

② 查询选修了"高等数学"课程的学生的平均成绩。

命令:

③ 查询各班级的总人数,并按人数进行降序排列。

命令:

④ 统计各班各门课程的平均成绩。

命令:

⑤ 查询入学成绩平均分最高的班级。

命令：

四、注意事项

（1）相关子查询和无关子查询的区别。

（2）统计函数与其表中其他列一起作为查询结果时注意 GROUP BY 语句的使用。

五、思考题

（1）嵌套查询具有何种优势？

（2）使用 GROUP BY 子句后，语句中的统计函数的运行结果有什么不同？

实验 6　流程控制语句

一、实验目的

要求学生在掌握使用 T-SQL 语言的流程控制语句的基础上,利用其完成顺序结构、分支结构和循环结构程序设计。

二、实验内容

(1) 使用流程控制语句中的 IF…ELSE 语句进行流程控制。

(2) 使用流程控制语句中的 CASE 语句进行流程控制。

(3) 使用流程控制语句中的 WHILE 语句进行流程控制。

三、实验步骤

(1) IF…ELSE 语句

① 判断 xs 表中的“男”生人数是奇数还是偶数,如果是奇数输出“男生人数是奇数”,如果是偶数输出“男生人数是偶数”。

命令:

② 判断选修了“高等数学”课程学生的平均成绩,如果平均成绩大于等于 75,输出“高等数学课程学生成绩较好”,否则输出“高等数学课程学生成绩一般”

命令:

(2) CASE 语句

① 查询 xs 表中的姓名、性别、班级字段,对班级进行判断,如果该生是“工业 15-1”班学生,输出“该生是工业 15-1 班学生”,如果该生是“工业 15-2”班学生,输出“该生是工业15-2 班学生”,如果该生是“工业 15-3”班学生,输出“该生是工业 15-3 班学生”。

命令：

② 根据相应的入学成绩，为 xs 表中的学生确定不同的级别。当入学成绩大于等于 600 时，级别设置为"A"，

当入学成绩大于等于 550 小于 600 时级别设置为"B"，当入学成绩大于等于 500 小于 550 时级别设置为"C"，当入学成绩小于 500 时级别设置为"D"，

命令：

（2）WHILE 语句
① 计算 1～100 之间所有偶数的和。
命令：

② 查询选修了"计算机基础"课程所有学生的平均成绩，若平均成绩小于 60 分，就将该门课程所有学生的成绩提高 10%，并在该门课程最高成绩等于 100 分的情况下跳出循环。
命令：

四、注意事项

（1）全局变量与局部变量的区别。
（2）简单 CASE 语句与搜索 CASE 语句的区别。

五、思考题

（1）在 WHILE 循环语句中 BREAK 和 CONTINUE 语句有什么不同？

（2）流程控制语句嵌套使用需要注意什么？

实验 7 游标和事务处理

一、实验目的

加深对游标概念的理解,掌握游标的定义、使用方法以及使用游标查询、修改和删除数据的方法。理解事务的概念,掌握事务处理的方法。

二、实验内容

(1) 利用游标逐行显示所查询的数据块的内容。

(2) 利用游标显示指定行的数据内容。

(3) 利用游标修改和删除指定的数据元组。

(4) 定义事务并提交事务。

三、实验步骤

(1) 游标

① 在 jxk 数据库的 xs 表中定义一个包含 xh、xm、xb 和 bj 的滚动游标,游标的名称为"cs_cursor",并将游标中的数据逐条显示出来。

命令:

② 在 xs 表中定义一个所在班级为"工业 15-3"并包含 xh、xm、xb 和 bj 的游标,游标的名称为"cs_cursor1",完成以下操作:

a. 读取第一行数据。

b. 读取最后一行数据。

c. 读取当前行前面的一行数据。

d. 读取从游标开始的第二行数据。

命令:

　　③ 在 xs 表中定义一个所在班级为"工业 15-4"并包含 xh、xm、xb 的游标,游标的名称为"cs_cursor2",并将游标中的绝对位置为 2 的学生的姓名改为"黎明"、性别改为"男"。

　　命令:

　　④ 在 xs 表中定义一个包含 xh、xm、xb 的游标,游标的名称为"cs_cursor3",并将游标中的绝对位置为 2 的数据删除。

　　命令:

　　⑤ 在 xs、cj 表中定义一个包含 xh、kch、cj 的游标,游标的名称为"cs_cursor4",将游标遍历整个数据表。

　　命令:

　　(2) 事务处理

　　①定义一个事务,将 xs 表中的姓名"张宁"改为"张一宁",并提交该事务。

　　命令:

　　② 定义一个事务,将 cj 表中选择了"2001"号课程的学生的分数增加 10%,并提交该事务。

　　命令:

四、注意事项

（1）在游标定义中，参数 scroll 说明可以用所有的方法来存取数据，允许删除和更新数据。

（2）使用游标不仅可以浏览查询结果，还可以用 UPDATE 语句修改游标对应的当前行数据或用 DELETE 语句删除对应的当前行。

（3）引入事务处理是应对可能出现的数据错误的好方法。

（4）存储点、回滚和并发控制都需要 CPU 时间和存储空间。

五、思考题

（1）为什么在数据处理中引入游标？

（2）如何提取游标中的数据？

（3）怎么利用事务处理并发操作？

实验 8　视图和索引

一、实验目的

掌握 SQL Server 中视图的创建、查看、修改和删除的方法,掌握索引的创建和删除方法以及数据库关系图的实现方法,加深对视图和 SQL Server 数据库关系图的理解。

二、实验内容

(1) 创建、查看、修改和删除视图。
(2) 创建、删除索引文件。

三、实验步骤

(1) 使用对象资源管理器创建视图

① 在数据库 jxk 中以 xs 表为基础建立名为 v_stu_i 的视图,使视图显示学生的学号、姓名、性别和出生日期。

步骤如下:

a. 在"对象资源管理器"中,展开 jxk 数据库。

b. 右击"视图"结点,在弹出的快捷菜单中选择"新建视图"命令,如图 8-1 所示。

图 8-1　选择"新建视图"命令

c. 在弹出的"添加表"对话框中，选择"表"选项卡中的 xs 表，如图 8-2 所示。接着单击"添加"按钮，再单击"关闭"按钮（按住 ctrl 键可选择多个表；按住 shift 键可选中一段范围内的表）。

图 8-2 "添加表"对话框

d. "视图设计器"窗口中包含了 4 块区域，自上而下分别是"关系图"窗格，可以添加或删除表；"条件"窗格，可以选择数据显示条件和表格显示方式；"SQL"窗格，可以输入 SQL 命令语句；"结果"窗格，用来显示 SQL 命令执行结果。

在"关系图"窗格中选择 xs 表的 xh、xm、xb、csrq，如图 8-3 所示。

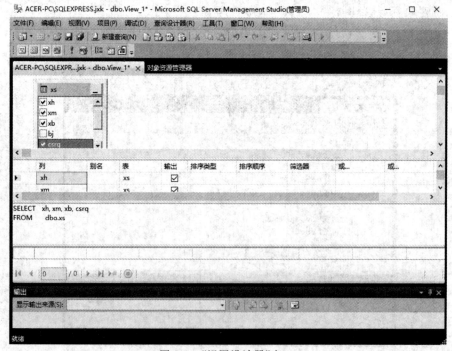

图 8-3 "视图设计器"窗口

e. 单击常用工具栏"执行"按钮,或者右击 SQL 窗格,在弹出的快捷菜单中选择"执行 SQL"命令,可以在"结果"窗格查看视图显示的数据,并且可以通过单击窗格最下端的蓝色箭头,控制选中的记录,如图 8-4 所示。

	xh	xm	xb	csrq
▶	0901100101	李明	男	1993-06-15 0...
	0901100103	赵刚	男	1993-06-16 0...
	0901100104	杨雨	男	1993-06-17 0...
	0901100106	杨旭枫	男	1993-06-18 0...
	0901100107	李亚军	男	1993-06-19 0...
	0901100109	宋丽新	男	1993-06-20 0...
	0901100110	张禹	男	1993-06-21 0...
	0901100114	王宇畅	男	1993-06-22 0...
	0901100115	马大文	男	1993-06-23 0...
	0901100118	王明星	男	1993-06-24 0...
	0901100124	张海蛟	男	1993-06-25 0...
	0901100126	李孝松	男	1993-06-26 0...

图 8-4　"结果"窗格

f. 单击常用工具栏中的"保存"按钮,在出现的"选择名称"对话框中输入视图名为"v_stu_i",单击"确定"按钮,如图 8-5 所示。

图 8-5　保存视图

② 基于 xs 表和 cj 表建立一个名为 v_stu_c 的视图,显示学生的学号、姓名和成绩。实验步骤与上例类似,不再赘述。

(2) 使用 T-SQL 语句创建视图

① 为学生信息表 xs 创建视图 v_count,统计"工业 15-4"班的男生人数和女生人数。

命令:

② 基于 xs 表和 cj 表建立一个名为 v_xc_1 的视图,显示成绩为 85 分学生的学号、姓名。

命令:

③ 创建一个名为 v_coun 的视图,显示选修课程门数超过 2 门的学生学号、姓名和班级。

命令:

④ 创建一个名为 v_cj 的视图,显示入学成绩高于"工业 15-2"班的学生的学号、姓名和班级。

命令:

⑤ 创建一个名为 v_sum 的视图,显示每门课程的修课人数及学生成绩的平均分。

命令:

⑥ 创建一个名为 v_avg 的视图,显示成绩高于所有学生平均成绩的所有学生的学号和姓名。

命令:

(3) 使用 T-SQL 语句修改创建视图

① 修改名称为 v_stu_i 的视图,显示出生日期为"1995"年的学生学号、姓名、性别和出生日期。

命令:

② 修改名称为 v_stu_c 的视图,显示性别为"男"的学生的学号、姓名和成绩。

命令:

(4) 使用 T-SQL 语句删除视图

① 删除视图 v_stu_i。

命令:

② 删除视图 v_stu_c。

命令:

(5) 使用对象资源管理器创建索引

① 使用 SELECT INTO 语句创建与表 xs 相同的表 xs1,对表 xs1 中的列 xm 设置唯一索引。

命令:

a. 在"对象资源管理器"中,展开需要建立索引的表,如 xs1 表。

b. 右击"索引"结点,在弹出的快捷菜单中选择"新建索引"命令,如图 8-6 所示。

c. 选择"非聚集索引"命令,在弹出的"新建索引"对话框中,如图 8-7 所示,填入索引名称如"xm_index",索引类型为"非聚集",若勾选"唯一"则设置为唯一索引。在"索引键列"窗格中单击"添加"按钮,在弹出的对话框中选择 xm 作为索引键值,然后单击"确定"按钮。

② 对表 xs1 中的列 rxcj 设置为非聚集索引。

实验步骤与上例类似,不再赘述。

数据库技术与应用（SQL Server 2014）实验指导与题解

图 8-6　新建索引

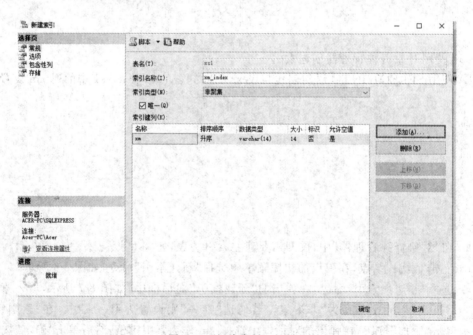

图 8-7　"新建索引"对话框

· 38 ·

（6）使用 T-SQL 语句创建索引

① 为 xs1 表中的 xm 列创建索引文件 ix_xm,设置为唯一索引,升序。

命令:

② 为 cj 表中的 kch 和 cj 列创建索引文件 ix_kch_cj 的复合索引。其中,kch 为升序,cj 为降序。

命令:

（7）使用 T-SQL 语句删除索引

① 删除索引 ix_xm

命令:

② 删除索引 ix_kch_cj

命令:

四、注意事项

（1）参照表和被参照表之间的关系,主键和外键之间的关系。

（2）视图中字段名的重命名问题。

五、思考问题

（1）为什么要建立视图,视图与基本表有什么不同?

（2）使用视图更新、删除数据时需要注意什么?

实验 9　存储过程、自定义函数

一、实验目的

使学生理解存储过程和自定义函数的概念,掌握存储过程和自定义函数的创建和执行,并掌握存储过程的查看、修改和删除。

二、实验内容

(1) 创建、修改、调用和删除存储过程。
(2) 创建、修改、调用和删除自定义函数。

三、实验步骤

(1) 创建存储过程

① 创建名为 proc_s_cj 的存储过程,要求查询 jxk 数据库中每个学生各门功课的成绩,其中包括每个学生的 xh,xm,kcmc,cj。

命令:

② 创建名为 proc_exp 的存储过程,要求输入学生的姓名,能够从 cj 表中查询到该学生的平均成绩。

命令:

③ 创建名为 procs_info 的存储过程,要求输入某学生的姓名,能够输出该学生所学课程门数以及他的平均成绩。

命令:

④ 创建名为 proc_add 的存储过程,要求向 cj 表中添加学生记录。

命令:

（2）修改存储过程

① 修改存储过程 proc_exp,要求输入学生学号,能够根据该学生所选课程的平均成绩提示相关信息。即如果平均成绩在 60 分以上,显示"此学生综合成绩合格!",否则显示"此学生综合成绩不合格!"。

命令:

（3）调用存储过程

① 调用存储过程 proc_s_cj。

命令:

② 调用存储过程 proc_exp,求"王一"同学的平均成绩。

命令:

③ 调用存储过程 proc_add,向 cj 表中添加学生成绩记录。

命令:

(4) 删除存储过程

① 删除存储过程 proc_s_cj。

命令：

② 删除存储过程 proc_add。

命令：

(5) 创建自定义函数

① 在数据库 jxk 中，创建用户定义函数 fun_max，根据输入的课程名称，输出该门课程最高分数的同学成绩。

命令：

② 在数据库 jxk 中，创建用户定义函数 fun_kch_info，根据输入的课程编号，输出选修该门课程的学生学号、姓名、性别、成绩。

命令：

(6) 修改自定义函数

① 修改用户定义函数 fun_max，根据输入的课程名称，输出该门课程最低分数的同学成绩。

命令：

（7）调用自定义函数

① 调用自定义函数 fun_max,课程名称为"计算机基础"。

命令:

② 调用自定义函数 fun_kch_info,课程编号为"2001"。

命令:

（8）删除自定义函数

① 删除自定义函数 fun_max。

命令:

② 删除自定义函数 fun_kch_info。

命令:

四、注意事项

（1）存储过程在 SQL Server 2014 中,是一种有效的封装重复性的方法,它还支持用户变量、条件执行和其他强大的编辑功能。

（2）存储过程和自定义函数通过缓存计划并在重复执行时重用它来降低 T-SQL 代码的编译开销。

（3）如果执行的存储过程将调用另一个存储过程，则被调用的存储过程可以访问由第一个存储过程创建的所有对象。

五、思考题

（1）存储过程和自定义函数有哪些优点？

（2）存储过程与自定义函数的区别？

实验 10 触 发 器

一、实验目的

使学生理解用触发器实现数据完整性的重要性,掌握用触发器实现数据完整性的方法,掌握用触发器实现参照完整性的方法,并理解触发器与约束的不同。

二、实验内容

(1) 为表建立触发器,实现域完整性,并激活触发器进行验证。

(2) 为表建立级联更新的触发器,实现参照完整性,并激活触发器进行验证。

(3) 比较触发器与约束的执行顺序。

三、实验步骤

(1) 创建 jxk 数据库 xs 表的 INSERT 触发器 tri_insert_xs,插入入学成绩在 500～600 分之间的纪录。

命令:

(2) 创建 jxk 数据库 xs 表的 DELETE 触发器 tri_xs_delete,当删除 xs 表中的记录时触发该触发器,输出提示信息"记录被删除"。

命令:

(3) 创建 jxk 数据库 kc 表的 DELETE 触发器 tri_kc_delete,当删除 kc 表中的记录时,同时删除 cj 表中该学生的成绩信息。

命令:

(4) 创建 jxk 数据库 xs 表的 UPDATE 触发器,当更新了某同学的姓名时,激活该触发器,并使用 PRINT 语句返回一个提示信息。

命令:

(5) 创建 jxk 数据库 kc 表的触发器 tri_kc_install,不允许对 kc 表中的数据进行插入、修改、删除操作,当执行相应操作时,显示提示信息"不允许对 kc 表的数据进行更新操作"。

命令:

(6) 在 jxk 数据库中创建一个 DDL 触发器 tri_jxk_all,当在数据库中删除一个表时,显示提示信息"不允许删除数据库表",并回滚该删除操作。

命令:

四、注意事项

(1) 触发器是一个特殊的存储过程,它的执行不是由程序调用,也不是手工启动,而是由事件来触发。

(2) 当对一个表进行操作(INSERT、DELETE、UPDATE)时就会激活触发器的执行,触发器常用于加强数据库的完整性约束和业务规则等。

(3) 触发器可以从 DBA_TRIGGERS,USER_TRIGGERS 数据字典中查到。

五、思考题

(1) 触发器有哪些优点?

(2) 触发器主要用于实施什么类型的数据完整性?

(3) 触发器能代替外键约束吗?

实验 11　SQL Server 安全管理

一、实验目的

使学生加深对数据库安全性的理解,掌握 SQL Server 中有关用户、角色及操作权限的管理方法,学会使用 SQL Server Management Studio 和 T-SQL 语句创建与管理登录帐户、权限。

二、实验内容

(1) 在 SQL Server Management Studio 中和使用 T-SQL 语句创建登录帐户和数据库用户。

(2) 在 SQL Server Management Studio 中和使用 T-SQL 语句创建数据库角色及授予权限。

三、实验步骤

(1) 在 SQL Server Management Studio 中创建登录帐户和用户

① 在 SQL Server Management Studio 中创建登录帐户

首先创建一个 Windows 登录用户 login_u,密码"login123",然后使用 SQL Server Management Studio 平台将 Windows 登录用户添加到 SQL Server 登录帐户中,为 Windows 身份验证。

a. 在 Windows 7 的控制面板中,单击"用户帐户"下的"添加或删除帐户"选项;在打开的页面中单击"创建一个新帐户"链接,打开如图 11-1 所示界面,填写用户的名称并选择用户类型后,单击"创建帐户"按钮即可完成创建。

b. 连接 SQL Server Management Studio,在"对象资源管理器"窗口中展开"安全性"节点,右击"登录名"节点,从弹出的快捷菜单中选择"新建登录名"命令,打开"登录名"窗口,如图 11-2 所示。

c. 在"登录名"窗口中,点选"Windows 身份验证"单选按钮,单击右侧"搜索"按钮,弹出"选择用户或组"对话框,在"输入要选择的对象名称"文本框中填入"本机计算机名\login_u",也可以单击"高级"按钮进行立即查找,如图 11-3 所示。设置完毕后单击两次"确定"按钮。

d. 此时展开"对象资源管理器"窗口的"登录名"节点可以看到新的登录名。

② 使用 SQL Server Management Studio 为登录帐户 login_u 创建数据库用户 login_d_u。

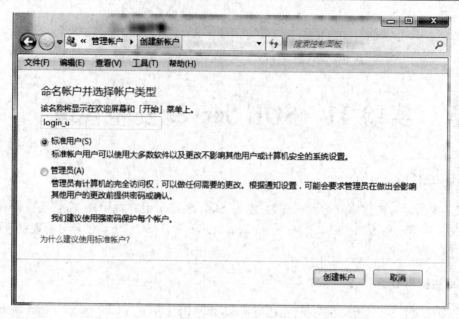

图 11-1　新建 Windows 账号

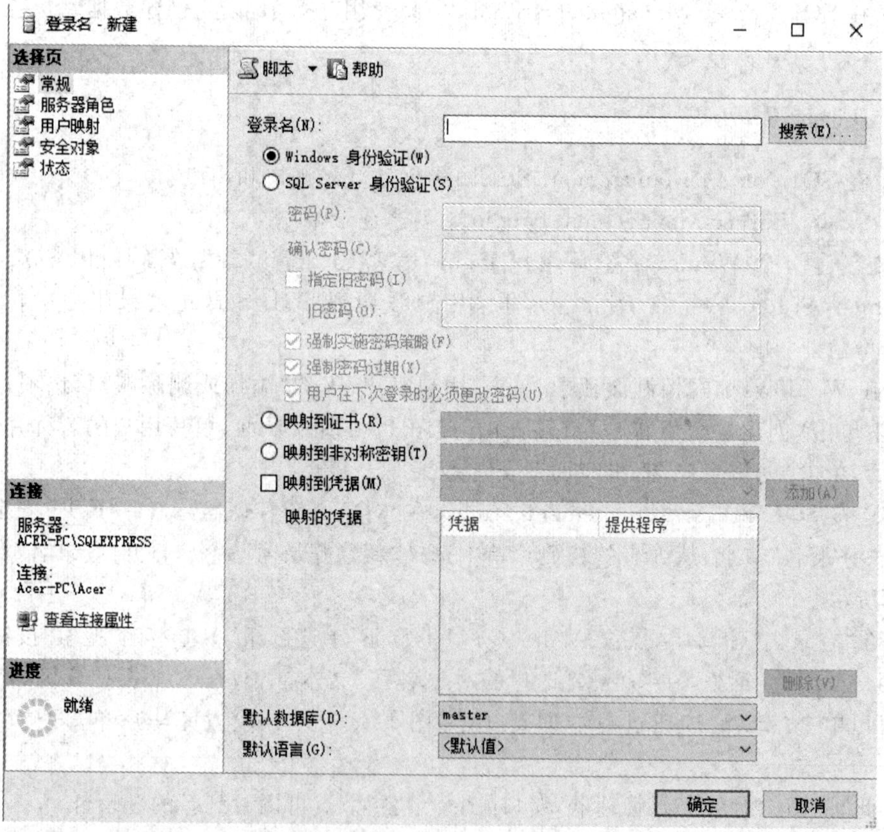

图 11-2　新建登录名

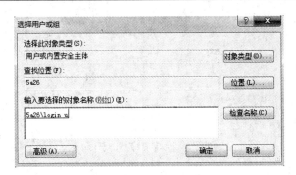

图 11-3　"选择用户或组"对话框

a. 在"对象资源管理器"中展开"数据库"结点,选择某一数据库(如 jxk),展开"安全性"结点。

b. 右击"用户"对象,在弹出的快捷菜单中选择"新建用户"命令,打开"数据库用户-新建"对话框,在"用户名"文本框输入用户名"login_d_u"。单击"登录名"右边的"省略号"按钮,打开"选择登录名"对话框,单击"浏览"按钮,选择"登录名"对象 login_u,单击"确定"按钮,如图 11-4 所示。

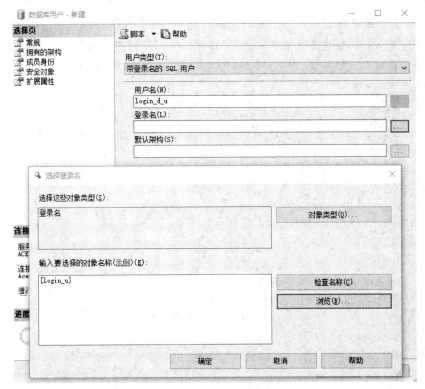

图 11-4　新建数据库用户窗口

(2) 使用 T-SQL 语句创建登录帐户和数据库用户

① 在教学管理数据库 jxk 上创建一个登录帐户 login_account,密码"123456",默认语言为简体中文,此登录帐户强制实施密码过期策略。

命令：

② 为登录帐户 login_account 创建数据库用户 login_account_user。

命令：

（3）角色、权限管理

① 使用"对象资源管理器"，为 jxk 数据库中数据库用户 login_d_u 授予对 xs 表的插入、删除和选择权限。

a. 在"对象资源管理器"中选择 jxk 数据库，展开"安全性"结点，在"用户"结点下右击"login_d_u"用户，在弹出的快捷菜单中选择"属性"命令，打开"数据库用户-login_d_u"对话框，单击"安全对象"后的"搜索"按钮，弹出"添加对象"对话框，如图 11-5 所示。

图 11-5　数据库用户窗口

b. 选中"特定对象"单选按钮，单击"确定"按钮，在"选择对象"对话框中单击"对象类

型"按钮,选择"表"。单击"浏览"按钮,从弹出的"查找对象"对话框中选择 dbo.xs 表,如图
11-6 所示,单击"确定"按钮。

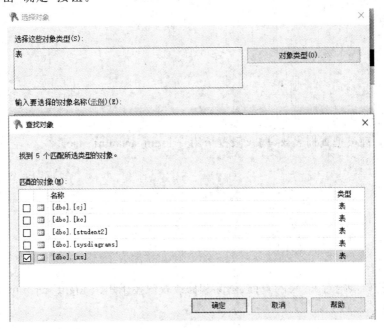

图 11-6　"查找对象"对话框

c. 在"数据库用户-login_d_u"对话框中设置 dbo.xs 的权限,在"授予"列下选择"插入"、"删除"、"选择"复选框,如图 11-7 所示,单击"确定"按钮,完成授权。

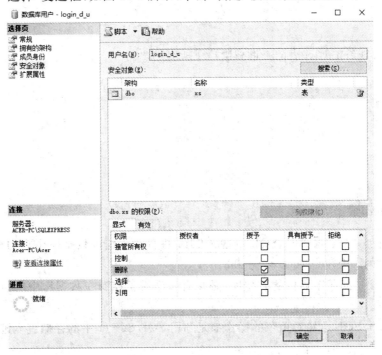

图 11-7　为 login_d_u 用户授权

② 使用 T-SQL 语句完成角色、权限管理

a. 为数据库用户 login_account_user 创建并管理数据库角色。

命令：

b. 系统管理员把查询表 xs 的权限授予用户 login_account_user。

命令：

c. 系统管理员把对 kc 表的查询、删除和修改权限授予用户 login_account_user 和 stu_user。

命令：

d. 系统管理员把对 cj 表的查询权限授予所有用户。

命令：

四、注意事项

(1) 在创建一个数据库时，SQL Server 2014 将自动创建该数据库用户的登录帐户，设置为该数据库的一个用户，并取名为 dbo。

(2) 如果要访问某个具体的数据库，必须有一个用于控制在数据库中所执行活动的数据库用户帐户。

(3) 使用 T-SQL 语句对角色的操作都是利用 SQL Server 中的存储过程进行的。

五、思考题

（1）在 SQL Server 2014 中有哪些数据库安全功能？性能怎样？

（2）在 SQL Server 2014 中可以对哪些对象进行哪些操作权限限定？

（3）在 SQL Server 2014 的数据库中有哪些管理权限类型？其授予方式主要有哪些？

实验 12　数据库的备份与恢复

一、实验目的

使学生了解 SQL Server 的数据库备份和恢复机制,掌握 SQL Server 的数据库备份与还原的方法。

二、实验内容

(1) 使用 SQL Server Management Studio 创建备份设备。

(2) 使用 SQL Server Management Studio 平台对数据库 jxk 进行备份和恢复。

(3) 使用 T-SQL 语句将数据库 jxk 备份到 d:\jxk\data 中并恢复。

三、实验步骤

(1) 创建备份设备

① 使用 SQL Server Management Studio 创建备份设备

在 d:\jxk 文件夹下,创建一个用来备份数据库 jxk 的备份设备 back_jxk。

a. 在"对象资源管理器"中展开"服务器对象",然后右击"备份设备"。

b. 从弹出菜单中选择"新建备份设备命令",弹出"备份设备"对话框,在"设备名称"文本框中输入"back_jxk",并在目标区域中设置好文件,如图 12-1 所示。本例中备份设备存储在 d:\jxk 文件夹下,这里必须保证 SQL Server 2014 所选择的硬盘驱动器上有足够的可用空间。

c. 单击"确定"按钮完成备份设备的创建。

② 使用系统存储过程创建备份设备

使用系统存储过程 sp_addumpdevice 创建一个名为 mydiskdump 的备份设备,其物理名称为"d:\jxk\dump. bak"

```
USE master
GO
EXEC sp_addumpdevice disk,mydiskdump,'D:\JXK\dump.bak'
GO
```

(2) 数据库备份

① 使用 SQL Server Management Studio 平台对数据库 jxk 进行完整备份。

a. 在"对象资源管理器"中展开"数据库",右击 jxk,在弹出的快捷菜单中选择"属性"命令,弹出"数据库属性-jxk"对话框。

b. 切换到"选项"页,从"恢复模式"下拉列表框中选择"完整"选项,单击"确定"按钮,即

图 12-1 "备份设备"对话框

可应用所修改的结果。

c. 右击数据库 jxk,从快捷菜单中选择"任务"/"备份"命令,弹出"备份数据库-jxk"对话框,从"数据库"下拉列表框中选择 jxk 数据库,在"备份类型"下拉列表框中选择"完整"选项。

d. 在"选项页"中的"备份选项"里保留"名称"文本框的内容不变。在"说明"文本框中可以输入"complete backup of jxk"。

e. 设置备份到磁盘的目标位置,通过单击"删除"按钮删除已存在的目标,如图 12-2所示。

f. 单击"添加"按钮,弹出"选择备份目标"对话框,选中"备份设备"单选按钮,然后从下拉列表框中选择"back_jxk"选项,如图 12-3 所示。单击"确定"按钮返回"备份数据库-jxk"对话框,这时就可以看到"目标"下面的文本框中增加了一个备份设备 back_jxk。

g. 切换到"选项页"中的"介质选项"里,选中"覆盖所有现有备份集"复选框,该复选框用于初始化新的设备或覆盖现在的设备;选中"完成后验证备份"复选框,该复选框用于核对实际数据库与备份副本,并确保它们在备份完成之后是一致的。具体设置如图12-4 所示。

h. 完成设置后,单击"确定"按钮开始备份,若弹出"对数据库 jxk 的备份已成功完成"对话框,表示已经完成了对数据库 jxk 的完整备份。

② 使用 SQL Server Management Studio 平台对数据库 jxk 进行差异备份。

a. 在"对象资源管理器"中展开"数据库",右击"jxk",从快捷菜单中选择"任务"/"备

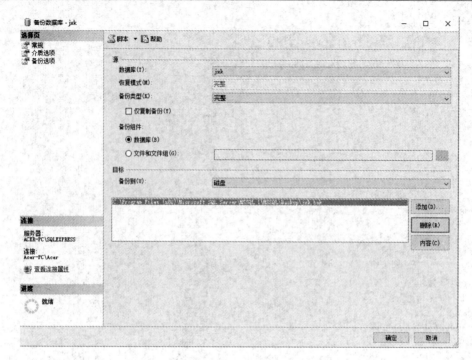

图 12-2 备份数据库选项页

图 12-3 "选择备份目标"对话框

份"命令,弹出"备份数据库-jxk"对话框(图 12-2)。

b. 在"备份数据库-jxk"对话框中选择要备份的数据库"jxk",并选择"备份类型"为"差异"。

c. 在"选项页"中的"备份选项"里保留"名称"文本框的内容不变。在"说明"文本框中可以输入"differential backup of jxk"。

d. 切换到"选项页"中的"介质选项"里,选中"追加到现有备份集"复选框,以免覆盖现有的完整备份,并且选中"完成后验证备份"复选框,以确保它们在备份完成之后是一致的。

e. 完成设置后,单击"确定"按钮开始备份,若弹出"对数据库 jxk 的备份已成功完成"对话框,表示已经完成了对数据库 jxk 的差异备份。

③ 使用 T-SQL 语句方式完整备份数据库

图 12-4　设置"介质选项"页

使用创建的备份设备 back_jxk 重新备份数据库 jxk，并覆盖以前的数据。

USE master

BACKUP DATABASE jxk

TO DISK='D:\JXK\tmpjxk.bak'　——物理名称

WITH INIT,　——覆盖当前备份设备上的每一项内容

NAME='D:\JXK\back_jxk',　——备份设备名

DESCRIPTION='This is then full backup jxk'

程序执行结果如图 12-5 所示。从结果可以看出，完整备份将数据库中的所有数据文件和日志文件进行了备份。

图 12-5　程序执行结果

④ 使用 T-SQL 语句方式差异备份数据库

在上例基础上创建数据库 jxk 的差异备份，将此次备份追加到以前所有备份后面。

USE master

BACKUP DATABASE jxk

TO DISK='D:\JXK\firstbackup'

WITH DIFFERENTIAL ,NOINIT

程序执行结果如图 12-6 所示。从执行结果可以看出,jxk 数据库的差异备份与完整备份相比,数据量较少,时间较短。

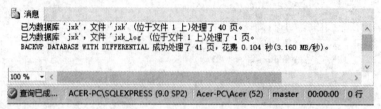

图 12-6 程序执行结果

(3) 数据库恢复

① 使用"对象资源管理器"对数据库 jxk 进行恢复,操作步骤如下:

a. 在"对象资源管理器"中展开"数据库",右击数据库"jxk",从快捷菜单中选择"任务"/"还原"/"数据库"命令,弹出"还原数据库-jxk"对话框,如图 12-7 所示。

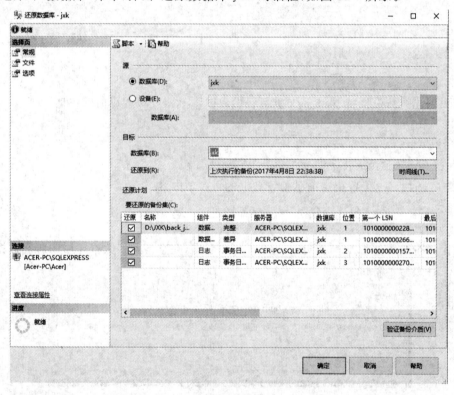

图 12-7 "还原数据库-jxk"对话框

b. 选择恢复的"源数据库"为 jxk 选择恢复的源设备。在"还原计划"中的"要还原的备份集"中,对于要选择的备份集可以同时选择"完整"、"差异"和"事务日志",也可以选择其中一种。

c. 在"选项"页中配置恢复操作的选项,如图 12-8 所示,设置好选项后,单击"确定"按钮。系统开始执行数据库还原操作。

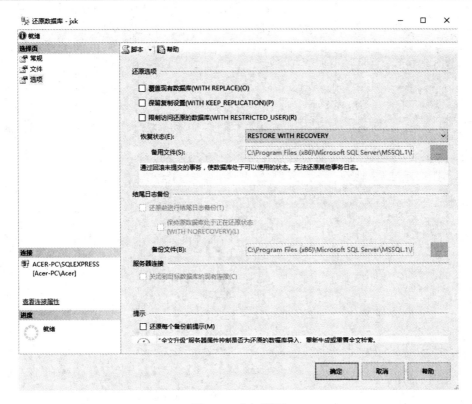

图 12-8   "选项"页

② 使用 T-SQL 语句恢复数据库

USE master

RESTORE DATABASE jxk

FROM DISK='D:\JXK\tmpjxk.bak'

四、注意事项

（1）完整备份是指备份整个数据库，包括备份数据库文件、这些文件的地址以及事务日志的某些部分。

（2）差异备份是将从最近一次完整数据库备份以后发生改变的数据库进行备份。

（3）事务日志备份是将自上一个事务以来发生变化的部分进行备份。

五、思考题

（1）SQL Server 完整备份、差异备份、事务日志备份、文件组备份的功能及特点是什么？

（2）为什么 SQL Server 利用文件组可以加快数据访问的速度？

第二部分　习题及参考答案

习题 1

一、填空题

(1) 数据库简称为(　　　　),数据库数据具有(　　　　)、(　　　　)和(　　　　)这 3 个基本特点。

解答:数据库(DataBase,DB)是长期存储在计算机内,有组织的、大量的、可共享的数据的集合。数据库的数据按一定的数据模型组织、描述和存储,具有较小的冗余度、较高的数据独立性和易扩展性,并可被各种用户共享。

简单地讲,数据库数据具有永久存储、有组织和可共享 3 个基本特点。

故此题答案为:DB,永久存储,有组织,可共享。

(2) 数据处理经历了现实世界、(　　　　)和(　　　　)3 个阶段。

解答:人们把客观存在的事物以数据的形式存储到计算机中,经历了对现实生活中事物特性的认识、概念化到计算机数据库中的具体表示的逐级抽象过程,这就需要进行两级抽象,即首先把现实世界转换为概念世界,然后将概念世界转换为某一个数据库管理系统所支持的数据模型,即现实世界—概念世界—数据世界 3 个阶段。有时也将概念世界称为信息世界,将数据世界称为机器世界。

故此题答案为:概念世界和数据世界。

(3) 数据库管理系统常用的数据模型主要有层次模型、网状模型和(　　　　)。

解答:数据模型即上面所述逻辑模型,任何一个数据库管理系统都是基于某种数据模型的。数据库管理系统常用的数据模型主要有层次模型、网状模型和关系模型。

① 层次模型。它是用树形结构表示实体及其之间联系的模型。

② 网状模型。它是用网状结构来表示实体及其之间联系的模型,是对层次模型的发展,能够更直接地描述现实世界的多对多联系。

③ 关系模型。它是用二维表表示实体以及实体之间联系的模型,它是目前应用最广泛的一种数据类型,支持关系模型的数据库管理系统称为关系数据库管理系统。现在几乎所有流行的数据库管理系统都是关系数据库系统。如 Oracle、Sybase、SQL Server、Informix 等。

故此空填:关系模型。

(4) 包含在任何一个候选键中的属性称为(　　　　),不包含在任何键中的属性称为(　　　　)。

解答:在关系数据库中,键(key)也称为码或关键字,它通常由一个或几个属性组成,能唯一地表示一个元组。是一个非常重要的概念。

① 超键。在一个关系中,能唯一标识元组的属性或属性组称为关系的超键。

② 候选键。如果一个属性组能唯一标识元组,且不含有多余的属性,那么这个属性组称为关系的候选键或称候选关键字。

③ 主键。若一个关系中有多个候选键,则选择其中的一个为关系的主键又称主关键字。通常用主键实现关系定义中"表中任意两行(元组)不能相同"的约束。包含在任何一个候选键中的属性称为主属性,不包含在任何键中的属性称为非主属性或非键属性。

④ 外键。若一个关系中的属性或属性组合是另一个关系的主键或候选键时,称该属性或属性组合为当前关系的外键又称外关键字。通过外键可实现两个表的联系。

明确上述这些键的含义,对于创建表、完整性约束及表同表之间的联系都非常重要。

故此题答案为:主属性、非主属性或非键属性。

(5) 一个只满足 1NF 的关系可能存在的 4 个问题是数据冗余、插入异常、(   )和删除异常。

解答:第一范式指的是关系模式的所有属性都是不可再分的数据项。如果关系模式 R 的所有属性都是不可再分的,则称 R 满足第一范式,记做 R∈1NF。满足第一范式的关系称为规范化关系;否则称为非规范化关系。第一范式是最基本的要求,但只满足 1NF 的关系都可能存在 4 个问题,即:

① 数据冗余,相同的数据会重复多次。

② 插入异常,由于主关键字值不能为空,当添加数据时就会引起插入异常。

③ 更新异常。由于存在数据冗余,当更新信息时,需要将所有重复的信息同时更新,当有一个元组没有更新时,便会造成数据不一致的现象。

④ 删除异常。当要删除数据时,可能造成其余信息也连带被彻底删除掉,引起删除异常。

故此空填:更新异常。

(6) 专门的关系运算有选择、投影和(   )。

解答:专门的关系运算有选择、投影和连接。

① 选择。选择运算是从一个关系中找出满足条件的记录。选择是从行的角度进行的运算,是一种横向操作。它根据用户的要求从关系中筛选出满足一定条件的记录,其结果是原关系的一个子集。

② 投影。投影运算是从关系中选取若干属性组成新的关系。投影运算是一种纵向操作,即从列的角度进行的运算。其结果所包含的属性个数比原关系少,或者排列顺序不同。

③ 连接。连接运算是对两个关系通过共同的属性名进行连接生成一个新的关系,这个新的关系可以反映出原来两个关系之间的联系。连接运算中,将两个关系的对应属性值相等作为连接条件进行的连接称为等值连接,去除重复属性的等值连接称为自然连接。自然连接是最常用的连接运算。

故此空填:连接。

二、选择题

(1) 下面哪个软件不是 DBMS(   )。

    A. Oracle   B. SQL Server

    C. Visual FoxPro   D. Word

解答:因为数据库管理系统(DataBase Management System,DBMS)是位于用户与操作系统之间的数据管理软件,它为用户或应用程序提供操作数据库的接口,包括数据库的建立、使用与维护等。目前常见的大中型数据库管理系统有甲骨文公司的 Oracle、IBM 公司的 DB2、微软公司的 SQL Server、Sybase 公司的 Sybase 等,小型的数据库管理系统有微软公司的 Access、Visual FoxPro 等。故此题选 D。

在此处,把在第 1 章数据库基础知识部分出现的几个英文缩写在此统一说明:

数据库(DataBase,DB)

数据库管理系统(DataBase Management System,DBMS)

数据库应用系统(DataBase Application System,DBAS)

数据库系统(DataBase System,DBS)

(2) 数据管理依次分为( )。

    A. 人工管理、文件管理和数据库管理三个阶段

    B. 文件管理、人工管理和数据库管理三个阶段

    C. 数据库管理、文件管理和人工管理三个阶段

    D. 数据库管理、人工管理和文件管理三个阶段

解答:数据库技术是 20 世纪 60 年代末出现的以计算机技术为基础的数据处理技术。伴随着计算机软硬件技术的发展,数据管理经历了人工管理、文件管理和数据库管理三个阶段,故此题选 A。

(3) 在概念世界中,( )是现实世界中存在的和人们关心的任何"事物"的抽象。

    A. 对象   B. 客体   C. 实体   D. 信息

解答:在概念世界中涉及的基本术语主要有实体、属性、实体型、实体集和联系等。而实体就是客观存在、可以相互区别的事物称为实体,它是现实世界中存在的和人们关心的任何"事物"的抽象,故此题选 C。在此题中出现的对象、客体、信息等术语都不属于概念世界。

故此题选 C。

(4) 下面( )是现实世界到数据世界的一个中间层,它表示实体及实体间的联系。

    A. E-R 模型   B. 数据世界

    C. 机器数据   D. 联系

解答:现实世界到数据世界的中间层就是概念世界。在概念世界中是通过概念模型即实体—联系模型(Entity-Relationship Model,E-R 模型)来表示实体及实体间的联系。故此题选 A。

(5) 设有部门和职员两个实体,每个职员只能属于一个部门,一个部门可以有多名职员,则部门与职员实体之间的联系类型是( )。

    A. M:N   B. 1:N   C. N:1   D. 1:1

解答:联系主要有以下 3 种情况:

① 一对一联系(1:1)。如果对于实体集 A 中的每一个实体,实体集 B 中最多有一个实体与之联系,反之亦然,则称实体集 A 与实体集 B 具有一对一联系,记为 1:1。

② 一对多联系(1:N)。如果对于实体集 A 中的每一个实体,实体集 B 中有 N(N≥0) 个实体与之联系,反之,对于实体集 B 中的每一个实体,实体集 A 中最多有一个实体与之联

系,则称实体集 A 与实体集 B 有一对多联系,记为 1∶N。

③ 多对多联系(M∶N)。如果对于实体集 A 中的每一个实体,实体集 B 中有 N(N≥0)个实体与之联系,反之,对于实体集 B 中的每一个实体,实体集 A 中也有 M(M≥0)个实体与之联系,则称实体集 A 与实体集 B 具有多对多联系,记为 M∶N。

由此题意可知部门与职员之间联系属于 1∶n,故此题选 B。

(6) 用树形结构表示实体及其之间联系的模型(　　　　)。

    A. 关系模型　　　　　B. 网状模型　　　　　C. 层次模型　　　　　D. 数据模型

解答: 因为关系模型是用二维表表示实体及实体之间的联系,网状模型是用网状结构来表示实体及实体之间的联系,层次模型是用树形结构表示实体及实体之间联系,故此题选 C。

(7) 现有如下关系:职工(职工号,姓名,性别,职务);部门(部门编号,部门名称,部门地址,职工号,姓名,电话),则部门关系中的外键是(　　　　)。

    A. 部门编号　　　　　B. 姓名　　　　　C. 职工号　　　　　D.(职工号,姓名)

解答: 因为若一个关系中的属性或属性组合是另一个关系的主键或候选键时,称该属性或属性组合为当前关系的外键又称外关键字。通过外键可实现两个表的联系,而外键即是两个表的公共字段,故此题选 C。

(8) 从 E-R 模型向关系模型转换时,一个 M∶N 的联系会单独生成新的关系模式,该关系模式的关键字是(　　　　)。

    A. M 端实体的关键字　　　　　B. N 端实体的关键字

    C. 重新选取其他属性　　　　　D. M 端实体的关键字与 N 端实体的关键字的组合

解答: 若实体间的联系为 M∶N 时,则联系单独生成新的关系模式。该关系模式的属性由联系的属性、参与联系的实体的主键组成,该关系模式的主键是参与联系的实体的主键组合。故此题选 D。

(9) 设有关系 W(工号,姓名,工种,定额),将其规范化到 3NF,应选择(　　　　)。

    A. W1(工号,姓名),W2(工种,定额)

    B. W1(工号,工种,定额),W2(工号,姓名)

    C. W1(工号,姓名,工种),W2(工种,定额)

    D. 以上都不对

解答: 关系 W(工号,姓名,工种,定额)的函数依赖为:工号→姓名,工号→工种,工种→定额。根据第三范式定义:如果关系模式 R 满足第二范式,且每个非主属性都不传递函数依赖于 R 的主关键字,则称 R 满足第三范式,记做 R∈3NF。而只有(工号,姓名,工种),(工种,定额),每个非主属性都依赖与主码,没有传递依赖于主键,故此题选 C。对于选项 A 中没有公共属性,选项 B 中 W1 有传递依赖,故都不符合第三范式要求。

(10) 消除了部分函数依赖的 1NF 的关系模式必定是(　　　　)。

    A. 1NF　　　　　B. 2NF　　　　　C. 3NF　　　　　D. 4NF

解答: 依照第二范式定义:如果一个关系模式 R 满足第一范式,且每个非主属性完全函数依赖于主关键字,则称 R 满足第二范式,记做 R∈2NF。第二范式要求实体的非主属性完全依赖于主关键字。完全依赖是指不能存在仅依赖主关键字一部分的属性,故第二范式消除了部分函数依赖的 1NF,故此题选 B。

三、简答题

(1) 在将 E-R 图转换为关系模式的过程中,实体间的联系类型不同,转换为关系模式的方法也不同。请简述三种不同联系转换为关系模式的方法。

① 实体间的联系为 1∶1

若实体间的联系为 1∶1 时,则联系不单独生成新的关系模式。将一方的主键添加另一方中,作为另一方的外键,成为联系两表的属性。若联系有属性则一并加入。

② 实体间的联系为 1∶N

若实体间的联系为 1∶N 时,则联系不单独生成新的关系模式。需将一方的主键添加到多方中,作为多方的外键,成为联系两表的属性,若联系有属性则一并加入。

③ 实体间的联系为 M∶N

若实体间的联系为 M∶N 时,则联系单独生成新的关系模式。该关系模式的属性由联系的属性、参与联系的实体的主键组成,该关系模式的主键是参与联系的实体的主键组合。

(2) 简单描述 1NF、2NF 和 3NF 的联系和区别。

每一范式比前一范式的要求更为严格,即范式之间存在 1NF⊆2NF⊆3NF…的关系。

① 第一范式是最基本的要求,即关系模式的所有属性都是不可再分的数据项。如果关系模式 R 的所有属性都是不可再分的,则称 R 满足第一范式,记做 R∈1NF。

② 如果一个关系模式 R 满足第一范式,且每个非主属性完全函数依赖于主关键字,则称 R 满足第二范式,记做 R∈2NF。

第二范式要求实体的非主属性完全依赖于主关键字。完全依赖是指不能存在仅依赖主关键字一部分的属性,如果存在,这个属性和主关键字的这一部分应该分离出来形成一个新的实体,新实体与原实体之间是一对多的关系。

③ 如果关系模式 R 满足第二范式,且每个非主属性都不传递函数依赖于 R 的主关键字,则称 R 满足第三范式,记做 R∈3NF。

第三范式要求实体的非主属性不传递依赖于主关键字。传递依赖指的是如果存在“A→B→C”的决定关系,则 C 传递依赖于 A。

习题 2

一、填空题

（1）CREATE DATABASE 命令定义一个数据库，包括定义（　　　　）和（　　　　）部分。

解答：数据库在磁盘上以文件为单位进行存储，主要由数据文件和事务日志文件组成，一个数据库至少应该包含一个数据库文件和一个事务日志文件。故此题两个空分别填写数据文件和日志文件。

（2）通过 SQL 语句，使用（　　　　）命令创建数据库，使用（　　　　）命令修改数据库结构，使用（　　　　）命令删除数据库。

解答：SQL Server 创建数据库的命令是：CREATE DATABASE；修改数据库的命令是：ALTER DATABASE；删除数据库的命令是：DROP DATABASE。

（3）数据库是存储（　　　　）和（　　　　）的地方。

解答：SQL Server 中的数据库是对象的容器，主要包含表、视图、存储过程、关系图、用户、角色、规则、用户自定义数据类型、用户自定义函数等对象。而建立数据库的目的最主要的是存储数据，数据放在表里。故此题答案是：数据和数据库对象。

（4）在物理层面上，SQL Server 数据库由多个操作系统文件组成，其中操作系统文件主要包括主要数据文件、（　　　　）和（　　　　）三大类型。

解答：数据库在磁盘上以文件为单位进行存储，主要由数据文件和事务日志文件组成，一个数据库至少应该包含一个数据库文件和一个事务日志文件。

① 主要数据文件的扩展名为".mdf"，它用于存储用户数据和对象，还包含数据库的启动信息，并指向数据库中的其他文件。每个数据库有且仅有一个主要数据文件。

② 次要数据文件的扩展名为".ndf"，它又称为辅助数据文件，用于存储主数据文件未存储的其他数据和对象。它能够将数据分散到多个磁盘上。数据库可以没有次要数据文件，也可以有多个次要数据文件，次要数据文件的文件名要尽量与主要数据文件名相同。

③ 事务日志文件的扩展名为".ldf"，保存用于恢复数据库的日志信息。每个数据库至少有一个日志文件，也可以有多个。

故此题答案是：辅助数据文件和事务日志文件。

（5）为了便于进行管理和数据的分配，数据库将多个数据文件集合起来形成的一个整体，并赋予这个整体一个名称，这个整体就称为（　　　　）。

解答：文件组可以把一些指定的文件组合在一起，以方便管理和分配数据。每个数据库都有一个主要文件组，此文件组包含主要数据文件和未放入其他文件组的所有次要文件，也可以创建用户自定义的文件组。

故此题答案是：文件组或数据库文件组。

（6）要修改数据库，可通过 SQL Server 管理工具集或者（　　　　　）进行修改。

答：T-SQL 语句

二、选择题

（1）下列（　　　　）数据库是 SQL Server 在创建数据库时可以使用的模板。

  A. master   B. model   C. tempdb   D. msdb

解答：SQL Server 数据库分为系统数据库和用户数据库两种基本类型。其中系统数据库主要包括以下几种类型：

① Master 数据库。它是 SQL Server 最重要的数据库，记录了 SQL Server 系统中所有的系统信息，其中包含了所有的登录名或用户 ID 所属的角色、服务器中的数据库的名称及相关信息、数据库的位置以及 SQL Server 如何初始化等重要信息。如果该数据库被损坏，SQL Server 将无法正常工作，甚至瘫痪，所以要定期备份 Master 数据库，以便在发生问题时，对数据库进行恢复。

② Model 数据库。它是一个模版数据库，可以用作建立数据库的模板。它包含了建立新数据库时所需的基本对象。在系统执行建立新数据库操作时，它会复制这个模版数据库的内容到新的数据库上。Model 系统数据库是 Tempdb 数据库的基础。由于每次启动 SQL Server 时，系统都会创建 Tempdb 数据库，所以 Model 数据库必须始终存在于 SQL Server 系统中。

③ Msdb 数据库。它为 SQL Server 代理提供必要的信息来运行作业。SQL Server 代理服务是 SQL Server 中的一个 Windows 服务，用于运行任何已创建的计划作业。作业是指 SQL Server 中定义的能自动运行的一系列操作。

④ Tempdb 数据库。它存在于 SQL Server 会话期间的一个临时性的数据库，用作系统的临时存储空间，其主要作用是存储用户建立的临时表和临时存储过程，存储用户说明的全局变量值，为数据排序创建临时表，存储用户利用游标说明所筛选出来的数据。一旦关闭 SQL Server，Tempdb 数据库保存的内容将自动消失。重启动 SQL Server 时，系统将重新创建新的、空的 Tempdb 数据库。

故此题选 B。

（2）（　　　　）数据库包含了所有系统级信息，对 SQL Server 系统来说至关重要，一旦受到损坏，有可能导致 SQL Server 系统的彻底瘫痪。

  A. master 数据库   B. tempdb 数据库

  C. model 数据库   D. msdb 数据库

解答：此题解析参考上题。故此题选 A。

（3）事务日志文件的默认扩展名是（　　　　）。

  A. MDF   B. NDF   C. LDF   D. DBF

解答：选项 A 是主要数据文件的扩展名；选项 B 是次要数据文件扩展名；选项 C 是事务日志文件的扩展名；选项 D 属于 Visual FoxPro 中表的文件的扩展名。故此题选择 C。

三、简答题

（1）安装 SQL Server 时,系统自动提供的 4 个系统数据库分别是什么?

解答:系统自动提供的 4 个系统数据库分别是 master 数据库、model 数据库、msdb 数据库、tempdb 数据库。关于这 4 个系统数据库的具体说明参照选择题 1 解析。

（2）在 SQL Server 中数据库文件有哪 3 类? 各有什么作用?

解答:SQL Server 中数据库文件有主数据文件、辅助数据文件、事务日志文件。主数据文件是数据库的起点,指向数据库中文件的其他部分,同时也用来存放用户数据;辅助数据文件专门用来存放数据;事务日志文件存放恢复数据库所需的所有信息。

（3）SQL Server 中创建、查看、打开、删除数据库的方法有哪些?

解答:SQL Server 中创建、查看、打开、删除数据库的方法分别有两种,即可以通过 SQL Server Management Studio 图形化界面实现,也可以通过 T-SQL 语句命令实现。

（4）简述数据库的分离和附加的作用及操作方法。

解答:SQL Server 允许分离数据库的数据和事务日志文件,然后将其重新附加到同一台或另一台服务器上。分离数据库将从 SQL Server 删除数据库,但是保证在组成该数据库的数据和事务日志文件中的数据库完好无损。然后这些数据和事务日志文件可以用来将数据库附加到任何 SQL Server 实例上,这使数据库的使用状态与它分离时的状态完全相同。

（5）如何理解主数据文件、辅助数据文件、主文件组和默认文件组。

解答:主数据文件:是数据库的起点,其中包含数据库的初始信息,记录数据库所拥有的文件指针。每个数据库有且仅有一个主数据文件,这是数据库必需的文件。主数据文件的扩展名是".mdf"。

辅助数据文件:存储主数据文件未存储的所有其他数据和对象,它不是数据库必需的文件。当一个数据库需要存储的数据量很大(超过了 Windows 操作系统对单一文件大小的限制)时,可以用辅助数据文件来保存主数据文件无法存储的数据。辅助数据文件可以分散存储在不同的物理磁盘中,从而可以提高数据的读写效率。辅助数据文件扩展名为".ndf"。

主文件组:是包含主要文件的文件组。所有系统表和没有明确分配给其他文件组的任何文件都被分配到主文件组中,一个数据库只有一个主文件组。

默认文件组:每个数据库中均有一个文件组被指定为默认文件组。如果在数据库中创建对象时没有指定对象所属的文件组,对象将被分配给默认文件组。在任何时候,只能将一个文件组指定为默认文件组。

四、操作题

（1）操作题 1

① 创建数据库 db1,指定数据文件逻辑文件名为 db1_data,初始大小为 12 MB,最大值为 150 MB,增长方式为每次增大 3 MB,日志文件逻辑文件名为 db1_log,初始大小为 10 MB,最大值为 50 MB,增长方式为每次增大 5%,并且把数据库文件存储在 d:\db1 下。

解答:

```
CREATE DATABASE db1_data
```

```
ON
  PRIMARY (NAME=db1_data,
  FILENAME='d:\db1\db1_data.mdf',
  SIZE=12MB,
  MAXSIZE=150MB,
  FILEGROWTH=3MB)
LOG ON
(NAME=db1_log,
  FILENAME='d:\db1\db1_log.ldf',
  SIZE=10MB,
  MAXSIZE=50MB,
  FILEGROWTH=5%)
GO
```

② 为了扩大数据库 db1,需要为 db1 数据库添加新的数据文件,db2_data(初始大小 5 MB,最大不限定,增长方式 12%,存储在"d:\db1"下)。

解答:

```
ALTER DATABASE db1
ADD FILE
(NAME=db2_data,
FILENAME='d:\db1\db1_data.ndf',
SIZE=5MB,
FILEGROWTH=12%)
```

③ 修改 db2_data 数据文件的最大大小为 2TB。

解答:

```
ALTER DATABASE db1
MODIFY FILE
(NAME=db2_data,
MAXSIZE=2TB
)
```

④ 为 db1 数据库创建新的文件组 db1。

解答: ALTER DATABASE XSGL

```
ADD FILEGROUP FG1
```

⑤ 向 fg1 文件组中增加数据文件 db3_data,初始大小为 1 MB,最大值为 350 MB,增长方式为每次增大 10 MB,存储在"d:\db1"下。

解答:

```
ALTER DATABASE XSGL
ADD FILE
(NAME=db3_data,
FILENAME='d:\db1\db3_data.ndf',
```

```
SIZE=1MB,
MAXSIZE=350MB,
FILEGROWTH=10MB
) TO FILEGROUP FG1
```

⑥ 将 fg1 组设置为默认文件组。

解答:ALTER DATABASE db1

```
MODIFY FILEGROUP fg1 DEFAULT
```

⑦ 将数据文件 db3_data 的逻辑名改为 fg1_data,初始大小改为 15 MB,不限数据文件大小。

解答:

```
ALTER DATABASE db1
MODIFY FILE
(NAME=XSGL_db2,
NEWNAME=fg1_data,
)
GO
ALTER DATABASE db1
MODIFY FILE
(NAME=fg1_data,,
SIZE=15MB)
```

⑧ 将文件组 fg1 更名为 filegroup1。

解答:ALTER DATABASE db1

```
MODIFY FILEGROUP fg1 NAME=filegroup1
```

⑨ 将数据文件 fg1_data 从文件组 filegroup1 中删除。

解答:ALTER DATABASE db1

```
REMOVE FILE fg1_data
```

⑩ 重新将 primary 文件组,设为默认文件组。

解答:ALTER DATABASE db1

```
MODIFY FILEGROUP [primary] DEFAULT
```

⑪ 将文件组 filegroup1 删除。

解答:ALTER DATABASE db1

```
REMOVE FILEGROUP filegroup1
```

(2) 操作题 2

创建一个只含一个数据文件和一个事务日志文件的数据库,数据库名为 jwgl1,主数据库文件逻辑名称为 jwgl1_data,数据文件的操作系统名称 jwgl1.mdf,数据文件初始大小为 5 MB,最大值为 500 MB,数据文件大小以 10%的增量增加。日志逻辑文件名称 jwgl1_log.ldf,事务日志的操作系统名称 jwgl1.ldf,日志文件初始大小为 5 MB,最大值 100 MB,日志文件以 2 MB 增量增加。

解答：

```
CREATE DATABASE jwgl1
ON
  PRIMARY (NAME=jwgl1_data,
     FILENAME='c:\Program Files\Microsoft SQLServer\MSSQL\DATA\
jwgl1.mdf',
     SIZE=5MB,
     MAXSIZE=500MB,
     FILEGROWTH=10%)
LOG ON
  (NAME=jwgl1_log,
     FILENAME='c:\Program Files\Microsoft SQLServer\MSSQL\DATA\
jwgl1.ldf',
     SIZE=5MB,
     MAXSIZE=100MB,
   FILEGROWTH=2MB)
GO
```

（3）操作题 3

创建一个指定多个数据文件和日志文件的数据库。该数据库名称为 jwgl2，有 2 个 10 MB 的数据文件和 2 个 10 MB 的事务日志文件。主文件是列表中的第一个文件，并使用 PRIMARY 关键字显式指定。事务日志文件在 LOG ON 关键字后指定。注意 FILE_NAME 选项中所用的文件扩展名：主数据文件使用".mdf"，次数据文件使用".ndf"，事务文件使用".ldf"。

解答：

```
CREATE DATABASE jwgl2
ON
PRIMARY (NAME=jwgl20_data,
     FILENAME='c:\Program Files\Microsoft SQLServer\MSSQL\DATA\
jwgl20.mdf',
     SIZE=10MB,
     MAXSIZE=200,
     FILEGROWTH=20),
  (NAME=jwgl21_data,
     FILENAME='c:\Program Files\Microsoft SQLServer\MSSQL\DATA\
jwgl21.ndf',
     SIZE=10MB,
     MAXSIZE=200,
     FILEGROWTH=20)
LOG ON
```

```
(NAME=jwgl20_log,
    FILENAME ='c:\Program Files\Microsoft SQLServer\MSSQL\DATA\
jwgl20.ldf',
    SIZE=10MB,
    MAXSIZE=200,
    FILEGROWTH=20),
 (NAME=jwgl21_log,
    FILENAME ='c:\Program Files\Microsoft SQLServer\MSSQL\DATA\
jwgl21.ldf',
SIZE=10MB,
    MAXSIZE=200,
    FILEGROWTH=20)
GO
```

（4）操作题 4

创建一个包含 2 个文件组的数据库。该数据库名为 jwgl3，主文件组包含文件 jwgl30_data 和 jwgl31_data。文件组 jwgl3_group 包含文件 jwgl32_data 和 jwgl33_data。两个文件组数据文件的 FILEGROWTH 增量为 15％，数据文件的初始大小为 10 MB。事务日志文件的文件名为 jwgl3_log，FILEGROWTH 增量为 15％，日志文件的初始大小为 5 MB。

解答：

```
CREATE DATABASE jwgl3
ON PRIMARY
 (NAME=jwgl30_data,
    FILENAME ='d:\Program Files\Microsoft SQLServer\MSSQL\DATA\
jwgl30.mdf',
    SIZE=10MB,
    FILEGROWTH=15%),
 (NAME=jwgl31_data,
    FILENAME ='d:\Program Files\Microsoft SQLServer\MSSQL\DATA\
jwgl31.ndf',
    SIZE=10MB,
    FILEGROWTH=15%),
 FILEGROUP jwgl3_Group
 (NAME=jwgl32_data,
    FILENAME ='d:\Program Files\Microsoft SQLServer\MSSQL\DATA\
jwgl32.ndf',
    SIZE=10MB,
    FILEGROWTH=15%),
 (NAME=jwgl33_data,
    FILENAME ='c:\Program Files\Microsoft SQLServer\MSSQL\DATA\
```

```
jwgl33.ndf',
     SIZE=10MB,
     MAXSIZE=50MB,
     FILEGROWTH=15%)
   LOG ON
   (NAME=jwgl3_log,
     FILENAME ='c:\ Program Files \ Microsoft SQLServer \ MSSQL \ DATA \
jwgl3.ldf',
     SIZE=5MB,
     MAXSIZE=25MB,
     FILEGROWTH=15%)
   GO
```

习题 3

一、填空题

(1) T-SQL 中对表结构进行修改的语句是(　　　　)。在表中增加列的子句是(　　)子句。删除列的子句是(　　　)子句。

解答:在 SQL Server 中的 T-SQL 的语法说明中关于关系模式一级的定义,语法要求是这样的:创建的关键词是 CREATE,修改的关键词是 ALTER,删除的关键词是 DROP。凡是在修改当中的添加,关键词是 ADD;在修改当中的删除,关键词是 DROP;在修改当中的修改,关键词是 ALTER。关系模式一级通常指的是表结构以上。

故此题答案是:ALTER TABLE,ADD,DROP,COLUMN。

(2) 表是用来存储数据和操作数据的(　　　　),关系数据库中的所有数据都表现为(　　　)的形式。在创建表之前的重要工作是设计(　　　　),即确定表的名字、所包含的各个列的列名、数据类型和长度、是否为空值等。

解答:逻辑结构、表、表结构。

(3) 给字段定义唯一性约束的英文是(　　　　);有唯一性约束的列值,不能有两个值(　　　),但允许有一个为(　　　)。

解答:UNIQUE、相同、NULL。

(4) 主键是唯一能够区分表中每一行记录的一个或多个列的(　　　)。一个表只能有(　　　)主键,主键不能为空值,并且可以强制表中的记录的(　　　)。主键的标志为(　　　)。

解答:在表中,主键是唯一标识一条记录的,它可以是一个或多个字段的组合,做为主键的字段不允许有空值和重复。故各空处应依次添入的是:组合、一个、不重复、PRIMARY KEY。

(5) 存在两个表 A 和 B,表 A 中的主键列在表 B 中也存在,但并不是表 B 的主键,仅作为表 B 的一个必要的属性,则称此属性为表 B 的(　　　　)。

解答:外键(foreign key,FK)的定义是:若一个关系中的属性或属性组合是另一个关系的主键或候选键时,称该属性或属性组合为当前关系的外键又称外关键字。通过外键可实现两个表的联系。故由题意,知此处为:外键。

(6) CHECK 约束被称为(　　　　)约束,UNIQUE 约束被称为(　　　　)约束。

解答:CHECK 约束又称检查约束,CHECK 约束是对输入到列中数据内容正确性的一种约束,如果输入的数据不满足约束的条件,则数据不能被表接受。它是用于实现域完整性约束的。域完整性约束指表中列的完整性,即列的值域的完整性。

UNIQUE 约束又称唯一性约束,控制字段内容不能重复,一个表允许有多个 UNIQUE

约束。它是用于实现实体完整性约束的。实体完整性约束指约束表中行的完整性,要求表中的每一行必须是唯一的,即表中所有行都有一个唯一的标识符。标识符可以是单独一列,也可以是多列的组合。

故此题答案为:检查、唯一。

(7) 当一个表带有约束后,执行对表的各种(   )操作时,将自动检查相应的约束,只有符合约束条件的合法操作才能被真正执行。

解答:更新。

(8) 参照完整性要求有关联的两个或两个以上表之间数据的(   )。参照完整性可以通过建立(   )和(   )来实现。

解答:参照完整性属于表间的完整性,要求有关联的两个或两个以表之间数据的一致性。当数据库中一个表有数据的更新、删除、插入时,通过参照引用相互关联的另一个表中的数据,来检查表的数据操作是否正确。

参照完整性基于主键与外键或唯一键与外键之间的关系,将数据库中的表与表关联起来。实现参照完整性,可以通过外键约束,即 FOREIGN KEY 约束定义实现。

故此题答案是:一致性、主键、外键。

(9) 在 SQL 中,CREATE TABLE、ALTER TABLE 和 DROP TABLE 命令分别是在数据库中(   )、(   )和(   )的命令。

解答:由相关命令语法可知,此题答案是:创建表结构、修改表结构、删除表。

(10) 对表操作的数据定义语言 DDL 有创建表的(   )语句、修改表结构的(   )语句和删除表的(   )语句。

解答:SQL 的数据定义语言 DDL 主要包括创建表、修改表和删除表;数据操纵语言主要包括数据的插入、修改及删除。

故此题答案为:CREATE TABLE、ALTER TABLE、DROP TABLE。

二、选择题

(1) 删除一个表,正确的 T-SQL 语句是(   )。

    A. DROP 表名　　　　　　　　　　B. ALTER TABLE 表名

    C. DROP TABLE 表名　　　　　　　D. ALTER 表名

解答:删除表的命令是:DROP TABLE <table_name>。选项 A 少了关键词 TABLE;选项 B 是修改表的命令;选项 D 也是修改表,但缺少关键词 TABLE,选项 C 是正确答案。

(2) 要删除一个表中的某列,正确的 T-SQL 语句是(   )。

    A. DROP TABLE 表名 DROP COLUNM 列名

    B. ALTER TABLE 表名 ADD COLUMN 列名

    C. ALTER TABLE 表名 DROP COLUMN 列名

    D. DROP TABLE 表名

解答:删除表中的某列用到的应该是修改表命令,即 ALTER TABLE <table_name> DROP COLUMN <column_name>,故此题应选择选项 C;选项 A 命令错误;选项 B 是在修改表时添加列(字段);选项 D 是删除表。

(3) 下列的 SQL 语句中,(   )不是数据定义语句。

A. CREATE TABLE   B. DROP VIEW

C. CREATE VIEW   D. GRANT

解答： 在 SQL Server 中数据定义主要包括对数据库、基本表、视图和索引的创建、修改和删除。选项 A 是创建表，选项 B 是删除视图，选项 C 是创建视图，选项 D 是给对象赋权，不属于数据定义，故此题选 D。

(4) 数据定义语言的缩写词为（   ）。

A. DDL   B. DCL   C. DML   D. DBL

解答： 选项 A 中 DDL 的中文含义是：数据定义语言；选项 B 中 DCL 的中文含义是：数据控制语言；选项 C 中 DML 的中文含义是：数据操纵语言；选项 D 中的 DBL 在 SQL Server 中没有这个缩写。故此题答案是 A。

(5) 在 T-SQL 语言中，修改表结构时，应使用的命令是（   ）。

A. UPDATE   B. INSERT

C. ALTER   D. MODIFY

解答： 在此题中，选项 A 的 UPDATE 是修改表，属于对表中数据的操作；选项 B 的 INSERT 是往表中插入数据，也属于对表中数据的操作；选项 C 的 ALTER 是修改表结构、数据库等的关键词，故符合题意，是正确答案；选项 D 的 MODIFY 是在修改表结构或数据库中的关键词，故不是正确答案。

(6) 删除数据库中已经存在的数据表 test 的命令是（   ）。

A. DELETE TABLE test   B. DELETE test

C. DROP TABLE test   D. DROP test

解答： 删除表的命令是 DROP TABLE ＜table_name＞故此题选 C。其他选项都是错误的，有的是命令语法格式不对，有的是关键词不对。

(7) 在数据表 test 中增加一个字段 cj(成绩)的命令是（   ）。

A. ADD TABLE test cj int   B. ADD TABLE test ALTER cj int

C. ALTER TABLE test DROP cj int   D. ALTER TABLE test ADD cj int

解答： 在数据表中增加一个字段的命令的语法格式是：ALTER TABLE ＜table_name＞ ADD…在此题中，选项 A、B 命令格式错误；选项 B 的命令中前面关键词都是正确的，但它用了一个 DROP，是删除字段；只有选项 D 完全符合语法格式，故是正确答案。

(8) 在关系模式 test(学号，姓名，性别，出生日期)中，删除属性"出生日期"的命令是（   ）。

A. DELETE 出生日期 FROM test   B. ALTER TABLE test DROP COLUMN

C. UPDATE test SET 出生日期   D. ALTER TABLE test ADD 出生日期

解答： 在数据表中删除一个字段命令的语法格式是：ALTER TABLE ＜table_name＞ DROP…。在此题中，选项 A 的命令格式错误；选项 B 完全符合语法格式，故是正确答案；选项 C 中的 UPDATE 是修改表里的数据；选项 D 是为表中增加一个出生日期字段。

(9) 不属于 SQL Server 的数据类型是（   ）。

A. 整型数据类型   B. 浮点数据类型

C. 通用型数据类型   D. 字符数据类型

解答： SQL Server 提供了丰富的数据类型，主要有整型、浮点型、日期型、字符型、二进制型、货币型等。通用型数据类型属于 Visual FoxPro 的数据类型,故此题正确答案是 C。

(10) 不属于整型数据类型的是( )。

  A. int   B. smallint

  C. tinyint   D. float

解答:整型数据类型主要有以下几种:

  ① bit 位数据类型,也称为逻辑型数据类型,它只存储 0、1 或者 NULL(空值),长度为 1 字节。

  ② tinyint 数据类型是微短整数,存储范围为 0~255 之间的所有正整型数据,其精度为 3 位,存储空间为 1 个字节。

  ③ smallint 数据类型是短整数,存储范围为 $-2^{15} \sim 2^{15}-1$ 之间的所有正负整型数据,其精度为 5 位,存储空间为 2 个字节。

  ④ int 或者 integer 数据类型是整数,存储范围为 $-2^{31} \sim 2^{31}-1$ 之间的所有正负整型数据,其精度为 10 位,存储空间为 4 个字节。

  ⑤ bigint 数据类型是大整数,存储范围为 $-2^{63} \sim 2^{63}-1$ 之间的所有正负整型数据,其精度为 19 位,存储空间为 8 个字节。

  故此题选 D,因为 float 是浮点型。

(11) 如果数据表中某个字段只包含 1~200 之间的整数,则该字段最好定义为( )。

  A. int   B. smallint   C. tinyint   D. bit

解答:根据上题说明可知此题正确答案应选 C。

(12) 某个字段的数据类型定义为 decimal(12,5),则该字段有( )位整数。

  A. 12   B. 5   C. 6   D. 7

解答:decimal 和 numeric 两种数据类型属于精确数值型,它们都由整数部分和小数部分构成,所有的数字都是有效位,能够以完整的精度存储十进制数,这种数据所占的存储空间根据该数据的位数和小数点后的位数来确定。

它们都必须指定精度(全部数字的有效位数),还必须指定小数点右面的数字位数,小数点不计位数。

  decimal 数据类型的格式定义为:decimal(p,s)

  numeric 数据类型的格式定义为:numeric(p,s)

  p 表示精度,用于指定小数点左边和右边可以存储的十进制数字的最大位数,不包括小数点,它必须是从 1 位至 38 位之间的一个数字;s 表示小数位数,默认值为 0。

  故此题选 D。

(13) 如果将某一列设置为表的主键,则在表中此列的值( )。

  A. 可以出现重复值   B. 允许为空值

  C. 不允许为空值,也不能出现重复值   D. 不允许为空值,但允许列值重复

解答:关于主键的定义要点在前面题中已做过说明,故在此不再赘述。此题应选 C。

三、简答题

(1) 简述各种约束对表中数据的作用。

解答:主键约束能唯一地标识表中数据的每一行。

唯一性约束用来限制不受主键约束的列上的数据的唯一性。

CHECK 约束用于限制输入一列或多列值的范围,从逻辑表达式判断数据的有效性。默认值约束是在用户在插入新的数据行时,如果没有为该列指定数据,那么系统就将默认值赋给该列。

外键约束用于建立和加强两个表(主表和从表)的一列或多列数据之间的链接。

(2) SQLServer 支持的数据完整性约束有哪几类? 各有什么作用?

解答:SQLServer 支持的数据完整性约束包括 5 种类型:主键(PRIMARYKEY)约束、唯一性(UNIQUE)约束、检查(CHECK)约束、默认值(DEFAULT)约束和外键(FOR-EIGNKEY)约束。

PRIMARYKEY 约束能唯一地标识表中数据的每一行。

UNIQUE 约束用来限制不受主键约束的列上的数据的唯一性。

CHECK 约束用于限制输入一列或多列值的范围,从逻辑表达式判断数据的有效性。DEFAULT 约束是用户在插入新的数据行时,如果没有为该列指定数据,那么系统就将默认值赋给该列。

FOREIGNKEY 约束用于建立和加强两个表(主表和从表)的一列或多列数据之间的链接。

(3) 说明主键、唯一键和外键的作用。

解答:主键是唯一识别一个表的每一记录,作用是将记录和存放在其他表中的数据进行关联,并与外键构成参照完整性约束。唯一键用于指明创建唯一约束的列上的取值必须唯一。外键用于建立和加强两个表数据之间的链接的一列或多列。通过将保存表中主键值的一列或多列添加到另一个表中,可创建两个表之间的链接。这个列就成为第二个表的外键。外键约束的主要目的是控制存储在外键表中的数据,但它还可以控制对主键表中数据的修改。

(4) 数据完整性包括哪些? 如何实现?

解答:数据完整性包括实体完整性,通过主键约束和唯一键约束来实现;域完整性通过CHECK 约束或 DEFAULT 默认值约束来完成;参照完整性约束通过设置外键来实现。

四、操作题

有一顾客表 cs,其结构如下表所示:

字段名	数据类型	约 束	说 明
id	char(10)	主键	顾客编号
name	varchar(16)	非空属性	顾客姓名
sex	char(2)	取值"男"或"女"	性别
tel	char(11)		电话

(1) 写出建立该数据表结构的 T-SQL 语句(数据表名:cs);要求 id,name 必须输入。

```
CREATE TABLE cs
(
```

```
id char(10),
   name char(16) NOT NULL
)
```

（2）添加 sex 和 tel 字段。

`ALTER TABLE cs ADD sex char(2),tel char(11)`

（3）将性别的数据类型修改成 bit。

`ALTER TABLE cs ALTER COLUMN sex bit`

（4）将电话的数据类型改成 varchar(30)，且不允许空。

`ALTER TABLE cs ALTER COLUMN tel varchar(30) NOT NULL`

（5）为 id 添加约束，标识为 p_cs。

`ALTER TABLE cs ADD CONSTRAINT p_cs PRIMARY KEY(id)`

（6）为 sex 添加约束，标识为 ck_cs。

`ALTER TABLE cs ADD CONSTRAINT ck_cs CHECK(sex='男'OR sex='女')`

习题4 解 答

一、填空题

（1）T-SQL 删除数据可以使用 DELETE 语句或（　　　　　）语句。

解答：T-SQL 删除数据可以使用 DELETE 语句或 TRUNCATE TABLE 语句。但两者也有不同。

① TRUNCATE TABLE 语句将删除 table_name 所指定表中的全部记录，所以也称为清空表数据语句。

② TRUNCATE TABLE 语句类似于不含 WHERE 子句的 DELETE 语句，但 TRUNCATE TABLE 语句速度更快，并且使用更少的系统资源。

故此空填：TRUNCATE TABLE。

（2）T-SQL 的 SELECT 语句中，查询"空"值用（　　　　）来表示。

解答："空（NULL）"值不同于零和空格，它不占任何存储空间，只是一个特殊的符号 NULL。一个列值是否允许为空，需要在建立表结构时设置。当需要判断列值是否为空值时，使用 IS NULL 或 IS [NOT] NULL 来表示。

故此空填：IS NULL。

（3）T-SQL 支持查询结果的并、交、差运算，运算符分别是（　　　　　）、（　　　　　）、（　　　　　）。

解答：在 T-SQL 语句中，传统的集合运算并、交、差所对应的运算符分别是 UNION、INTERSECT、EXCEPT。查询结果的集合运算语法格式如下：

SELECT…UNION|INTERSECT|EXCEPT

SELECT…

能够进行集合运算的 SELECT 语句的结果集必须具有相同的结构，即列数相同且各列的数据类型要兼容。

故此题答案为：UNION、INTERSECT、EXCEPT。

（4）SQL Server 的统计函数又称聚合函数，可以对一组值执行计算，并且返回单个值。常用的统计函数有 5 个，分别是（　　　　）、（　　　　）、（　　　　）、SUM、MAX 。

解答：COUNT、AVG 、MIN

（5）在上题的 5 个统计函数中，除了（　　　　　）函数之外，其他的统计函数都忽略空值。

解答：上面两题一起解答。SQL Server 的统计函数又称聚合函数，可以对一组值执行计算，并且返回单个值。常用的统计函数有 5 个，如下表所示。

统计函数	含 义
COUNT	计数,返回满足条件的记录个数
AVG	按列计算平均值
SUM	按列计算值的总和
MAX	返回一列中的最大值
MIN	返回一列中的最小值

在上表的统计函数中,除了 COUNT 函数之外,其他的统计函数都忽略空值。即 COUNT(*)可以返回结果集中的记录个数,即行数,包括重复的行和空值的行。COUNT(表达式)可以返回表达式的非空值的数目,这些值可以是重复的。如果想将重复项只统计 1 次,可以使用 DISTINCT 关键字。故此空填:COUNT。

(6) 连接查询根据连接方式的不同,可分为内连接查询、外连接查询和( )查询。

解答:连接查询根据连接方式的不同,可分为内连接查询、外连接查询和交叉连接查询。

① 内连接查询是多表连接查询中使用频率最高的查询方式,将返回多个表中完全符合连接条件的记录。用的关键词是 INNER JOIN。

② 在外连接中,不仅包含满足连接条件的记录,而且某些不满足条件的记录也会出现在结果集中。也就是说,外连接只限制其中一个表的记录,而不限制另外一个表的记录。外连接查询与表在 SELECT 语句中出现的顺序有关,可分为左外连接、右外连接、完全外连接查询。外连接只能用于两个表中,它的关键词 LEFT|RIGHT|FULL[OUTER]JOIN。

③ 交叉连接查询返回的是连接表中所有记录的笛卡儿积,故又将其称为笛卡儿积。交叉连接查询结果集中的记录数是参与连接的两表记录数的乘积,表示所有记录的组合情况。它的关键词是 CROSS JOIN。

故此空填:交叉连接。

(7) 在嵌套查询中,子查询的 SELECT 语句不能使用( )子句。

解答:嵌套查询指的是在一个 SELECT…FROM…WHERE 查询块中包含另一个 SELECT 查询语句,即将一个查询块嵌套在另一个查询块的 WHERE 子句中的查询。处于内层的查询称为子查询或内查询,处于外层的查询称为父查询或外查询。嵌套查询在执行时由里向外处理,先执行子查询再执行父查询,父查询要用到子查询的结果。另外在子查询的 SELECT 语句不能使用 ORDER BY 子句,即 ORDER BY 子句只能对最终查询结果排序。故此空填:ORDER BY。

二、选择题

(1) 下面哪条语句不属于 T-SQL 的数据操纵( )。

    A. INSERT   B. UPDATE   C. DELETE   D. ALTER

解答:在 T-SQL 中,凡是对表中的数据进行操作都叫做数据操纵。数据操纵通常情况下包含插入数据 INSERT、更新数据 UPDATE 和删除数据 DELETE,而 ALTER 是修改表结构和数据库的关键词,故在此题中选 D。

(2) T-SQL 的 SELECT 语句中,去掉重复记录的子句是( )。

A. WHERE   B. FROM   C. DISTINCT   D. INTO

解答: T-SQL 的 SELETE 语句为了实现不同的功能,包含很多子句。其中的 SELECT 子句、FROM 子句是必选项,表示从哪个表或视图中查询数据,结果集中包括哪些列。DIS-TINCT 表示输出无重复结果的记录。INTO 子句用于将查询结果保存到新表中,WHERE 子句用于指定查询的条件。故此题选 C。

(3) 在删除 student 表中的数据时,DELETE FROM student 等同于下面(   )。

A. TRUNCATE TABLE student

B. DELETE FROM student WHERE ALL

C. DELETE WHERE student FROM ALL

D. TRUNCATE TABLE

解答: DELETE FROM student 语句的功能是删除 student 表中的所有数据,因为该语句省略 WHERE 子句默认范围是 ALL,等同于 TRUNCATE TABLE student,故此题选 A。选项 B 和选项 C 均是语法错误,选项 D 后没有表名,故也不能实现。

(4) 下列有关通配符%的含义,其表述正确的是(   )。

A. "%"代表一个字符   B. "%"代表一个汉字

C. "%"代表多个字符   D. "%"代表零个或多个字符

解答: 在 SQL Server 中遇到的通配符大体有下面几个:

运算符	出现位置	含义
%	LIKE 后	代表任意多个字符
_	LIKE 后	代表任意一个字符
[ ]	LIKE 后	代表方括号中列出的任意一个字符
[^]	LIKE 后	代表任意一个不在方括号中的字符
*	SELECT 后	代表任意多列

故此题选 D。

(5) T-SQL 的 SELECT 查询语句中,当在排序结果的末尾处有并列项时,应使用下面哪个子句可以包含并列项。(   )

A. TOP n PERCENT   B. WITH TIES

C. DISTINCT   D. ORDER BY

解答: TOP n [PERCENT][WITH TIES]用于指定只显示查询结果集中的部分记录。TOP n 表示显示前 n 行,TOP n PERCENT 表示显示前百分之 n 行。TOP n 常与排序子句 ORDER BY 一起使用,输出排序后的部分记录。当在排序结果的末尾处有并列项时,使用 WITH TIES 则包含并列项,省略 WITH TIES 则不包含并列项。故此题选 B。

(6) 要在查询结果集中将输出字段 GRADE 所在列的标题显示为"成绩",应在 T-SQL 的 SELECT 查询语句中使用下面(   )子句完成。

A. GRADE TITLE ′成绩′   B. 成绩 AS GRADE

C. 成绩＝GRADE   D. GRADE LIST 成绩

解答: 设置列别名的方式主要有以下几种:

<column_name> as <alien_name>

<column_name><alien_name>

<alien_name>=<column_name>

选项 A 和 D 均有语法错误,选项 B 位置写反,故此题选 C。

(7) 当要进行条件分组查询时,(　　　　)。

    A. 必须使用 ORDERD BY 子句

    B. 必须使用 HAVING 子句

    C. 只要使用 GROUP BY 子句就可以

    D. 应先使用 WHERE 子句,再接着使用 HAVING 子句

解答:GROUP BY 子句可以实现数据分组,分组表达式值相同的记录组成一个组。当在分组的时候有条件时就必须使用 HAVING 关键字对查询和统计的结果进行进一步的筛选。WHERE 和 HAVING 的根本区别在于作用对象不同。

① WHERE 作用于基本表或视图,从中选择满足条件的记录。

② HAVING 作用于组,选择满足条件的组,必须与 GROUP BY 子句一起使用。

故此题选 B。

(8) 下面哪个关键词不属于外连接查询(　　　　)。

    A. UP   B. RIGHT

    C. FULL   D. LEFT

解答:外连接查询分为左外连接、右外连接、完全外连接查询。外连接只能用于两个表中,它的关键词是 LEFT|RIGHT|FULL[OUTER]JOIN。故此题选 A。

(9) 嵌套查询的含义是(　　　　)。

    A. WHERE 子句中嵌入了复杂条件

    B. SELECT 语句的 WHERE 子句中嵌入了另一个 SELECT 语句

    C. WHERE 子句中嵌入了聚合函数

    D. WHERE 子句中涉及表的更名查询

解答:嵌套查询指的是在一个 SELECT…FROM…WHERE 查询块中包含另一个 SELECT查询语句,即将一个查询块嵌套在另一个查询块的 WHERE 子句中的查询。故此题选 B。

(10) 在 T-SQL 的查询语句中,实现关系的投影操作的短语为(　　　　)。

    A. SELECT   B. FROM

    C. JOIN   D. WHERE

解答:投影运算是一种纵向操作,即从列的角度进行的运算。其结果所包含的属性个数比原关系少,或者排列顺序不同。故此题选 A。

三、操作题

教学管理数据库 jxk 有以下 3 个表:

student(sno,sname,ssex,sbirthday,sclass,sentergrade)

grade(sno,cno,score)

course(cno,cname,credit)

试用 T-SQL 命令完成下面各题的相应操作。

(1) INSERT、DELETE 和 UPDATE 练习

① 在教学数据库 jxk 中,向 course 表中插入一行数据(150209,离散数学,(2)5)。

解答:

```
USE jxk
INSERT INTO course
values('150209','离散数学',(2)5)
```

或

```
USE jxk
INSERT INTO course(cno,cname,ccredit)
values('150209','离散数学',(2)5)
```

② 在教学数据库 jxk 中,向课程表 course 中插入两行数据,课程号(cno)分别是:"16005"、"16006";课程名称(cname)分别为:"光纤原理"、"结构力学"。

解答:

```
USE jxk
INSERT INTO course(cno,cname)
values('16005','光纤原理'),('16006','结构力学')
```

③ 将课程表 course 中课程名称为"离散数学"课程的学分修改为 3 学分。

解答:

```
UPDATE course
SET credit=3 WHERE cname='离散数学'
```

④ 将学生表 student 表中姓名(sname)为"李华"的学生记录删除。

解答:DELETE FROM student WHERE sname='李华'

(2) 简单查询

① 查询 student 表中"地理 091"班所有学生的信息。

解答:

```
SELECT *
FROM course
WHERE sclass='地理 091'
```

② 查询 student 表中所有学生的学号(sno),姓名(sname)与年龄。

解答:

```
SELECT sno,sname,YEAR(GETDATE())-YEAR(sbirthday) as 年龄
FROM student
```

③ 查询 student 表中所有学生隶属的班级。

解答:

```
SELECT DISTINCT sclass
FROM student
```

④ 查询 student 表中入学成绩前 3 名学生信息,要求带并列项。

解答:

```
SELECT TOP 3 WITH TIES *
FROM student
ORDER BY sentergrade DESC
```

⑤ 查询 student 表中所有"王"姓同学且名字只有两个汉字的学生的姓名、性别和班级。

解答：

```
SELECT sname,ssex,sclass
FROM student
WHERE sname like '王_'
```

⑥ 查询 student 表中每个班级的学生人数，要求显示班级（sclass）、人数。

解答：

```
SELECT sclass,COUNT(*) AS 人数
FROM student
GROUP BY sclass
```

⑦ 查询 grade 表中每门课程的成绩平均分及修课人数。

解答：

```
SELECT cno,AVG(scgrade) AS 平均分,COUNT(*) AS 修课人数
FROM grade
GROUP BY cno
```

⑧ 查询 student 表中，班级人数超过 20（包含 20）人的班级人数及入学成绩平均分。

解答：

```
SELECT sclass,COUNT(*) AS 人数,AVG(sentergrade) AS 平均分
FROM student
GROUP BY sclass
HAVING COUNT(*)>=20
```

⑨ 查询 student 表中所有学生的学号，姓名，班级及入学成绩信息，要求查询结果按入学成绩降序排序，入学成绩相同按学号升序排序，并将查询结果保存到表 temp1 中。

解答：

```
SELECT sno,sname,sclass,sengergrade into temp1
FROM student
ORDER BY sentergrade desc,sno
```

（3）连接查询

① 查询"李华"修的所有课的成绩，要求显示该生的学号、姓名、班级、课程号和成绩，并按成绩降序排列。

解答：

```
SELECT student.sno,sname,sclass,cno, score
FROM student JOIN grade
On student.sno=grade.sno
WHERE sname='李华'
```

② 查询选修了"大学英语"课程的所有学生的成绩。要求显示姓名、班级、课程名称和

成绩。

解答:
```
SELECT sname,sclass,cname, score
FROM student JOIN grade
ON student.sno=grade.sno
JOIN course
ON course.cno=grade.cno
WHERE cname='大学英语'
```
或
```
SELECT sname,sclass,cname, score
FROM student JOIN (grade JOIN course
                   ON grade.cno=course.cno)
ON student.sno=grade.sno
WHERE cname='大学英语'
```
③ 查询每个学生的学号、姓名、课程号及成绩,要求含未选课程的学生信息。

解答:
```
SELECT student.sno,sname,cno,score
FROM student LEFT JOIN grade
On student.sno=grade.sno
```
(4) 嵌套查询

① 查询与"李冰"同一个班级的学生的学号、姓名和班级。

解答:
```
SELECT sno,sname,sclass
FROM student
WHERE sclass=(SELECT sclass
             FROM student
             WHERE sname='李冰')
```
② 查询"测试098"班所有学生的成绩信息

解答:
```
SELECT *
FROM grade
WHERE sno IN (SELECT sno
             FROM student
             WHERE sclass='测试098')
```
③ 查询没有成绩的学生的学号、姓名、班级。

解答:
```
SELECT sno,sname, sclass
FROM student
WHERE SNO NOT IN (SELECT sno
```

```
                            FROM grade)
```

④ 查询入学成绩高于"测试 098"班所有学生的学生信息。

解答：

```
SELECT *
FROM student
WHERE sentergrade>ALL (SELECT sentergrade
                          FROM student
                          WHERE sclass='测试 098')
```

或

```
SELECT *
FROM student
WHERE sentergrade> (SELECT MAX(sentergrade)
                       FROM student
                       WHERE sclass='测试 098')
```

⑤ 查询 grade 表中成绩高于学号为"0901100120"的学生某科成绩的学生的学号（sno），课程号（cno），成绩（scgrade）。

解答：

```
SELECT sno,cno,scgrade
FROM grade
WHERE scgrade>ANY (SELECT scgrade
                      FROM grade
                      WHERE sno='0901100120')
```

习题 5

一、填空题

（1）SQL 的中文名称是（　　　　）。

解答：TransacT-SQL（Transact-Structure Query Language）语言是微软公司在关系型数据库管理系统 Microsoft SQL Server 中的 ISO SQL 的实现，又称 T-SQL 语言。SQL（Structure Query Language，结构化查询语言）语言是国际标准化组织（International Standardize Organization，ISO）采纳的标准数据库语言。故此空填：结构化查询语言。

（2）标识符 I am a student 若要变成合法的标识符必须进行限定，限定后的标识符为（　　　　）

解答：在 SQL Server 中标识符分为常规标识符和限定标识符两种。其中常规标识符格式规则是：

① 常规标识符的第一个字符必须是：大、小写英文字母（A～Z 或 a～z）、下划线、@、#。其中，@、# 在 T-SQL 中有专门的含义。

② 后续字符可以是 Unicode 标准中定义的字母、十进制数字或是特殊字符@、#、下划线或 $。

③ 标识符不能是 SQL Server 保留字。

④ 标识符不能包含空格或其他特殊字符。

不符合规则的标识符必须用限定符双引号（"　"）或方括号（〔　〕）括起来，故将其称为限定标识符。常规标识符既可以限定，也可以不限定。

故此空填：［I am a student］或"I am a student"。

（3）变量分为（　　　　）和全局变量。

解答：变量是可以赋值的对象和实体。变量是指在程序的运行过程中随时可以发生变化的量，用于在程序中临时存储数据。变量中的数据随着程序的运行而变化。变量有变量名和数据类型两个属性，变量名用于标识该变量，变量的数据类型确定该变量存放的数据值的类型。

在 T-SQL 中，变量分为局部变量和全局变量。局部变量在一个批处理中声明、赋值和使用，在该批处理结束时失效；全局变量是由系统提供且预先声明的变量。

故此空填：局部变量。

（4）注释分为（　　　　）和块注释两种。

解答：注释分为行内注释和块注释两种。

行内注释使用两个双连字符（－－）分开注释与编程语句，这些注释字符可与要执行的代码处在同一行，也可另起一行。

块注释在注释文本的开始处放一个注释符(/＊),输入注释,然后使用注释结束符(＊/)结束注释,可以创建多行块注释。这些注释字符可以与要执行的代码处在同一行,也可另起一行。块注释可以跨越多行,但是/＊ ＊/注释不能跨越批处理,整个注释必须包含在一个批处理内。故此空填:行内注释。

(5)写出执行完下面语句的结果:

① SELECT ROUND(8.35,1),POWER(4,2)

8.4 16

② select SUBSTRING('I love china',3,4)

love

③ select RTRIM('□□I love china□□')

□□I love china

④ select CHARINDEX ('i','I Love China',2)

10

(6)下列 T-SQL 语句的运行结果是:

DECLARE @d DATETIME

SET @d='2016-10-20'

SELECT @d+10,@d-10

解答: 一个日期型数据可以加上一个数字也可以减去一个数字,这个数字都是天数。两个日期型数据也可以进行相减操作,得到的是两个日期之间相差的天数。但两个日期型数据不可以进行相加操作。故此题结果是:2016-10-30 2016-10-10。

(7)(   )在循环语句中用于退出本层循环,(   )在循环语句中用于结束本次循环。

解答: 循环结构 WHILE 语句还可以用 BREAK 语句或 CONTINUE 语句来控制 WHILE 循环中语句的执行。

① BREAK 在循环语句中用于退出本层循环,转而执行该循环语句之后的后续语句。当程序中有多层循环嵌套时,使用 BREAK 语句只能退出其所在的这一层循环。

② CONTINUE 在循环语句中用于结束本次循环,终止 CONTINUE 子句后续的 T-SQL 命令或语句块的执行,回到 WHILE 循环语句的第一行,重新转到下一次循环条件的判断。

故此题答案为:BREAK、CONTINUE。

(8)游标提供了一种可以直接对记录集合中的(   )进行访问的机制,以实现每次处理一行或多行数据,这是对结果集处理的一种扩展。

解答: 游标是一种能从包括多条数据记录的结果集中每次提取一条记录的机制。游标总与一条 T-SQL 的 SELECT 语句相关联。因为游标由结果集(可以是零条、一条或由相关的 SELECT 语句检索出的多条记录)和结果集中指向特定记录的游标位置组成。当决定对结果集进行处理时必须声明一个指向该结果集的游标。

故此空填:单个记录。

(9)游标的创建分 5 个步骤,分别是(   )、(   )、(   )、(   )和(   )。

解答: ① 定义游标

使用游标时,如同使用变量,必须事先定义,定义游标的语法格式是:

DECLARE cursor_name [SCROLL] CURSOR

FOR select_statement

[FOR {READ ONLY|UPDATE[OF column_name[,…n]]}]

② 打开游标

定义游标后,虽然在游标中指定了得到记录集的 SELECT 语句,但该语句并没有被执行。也就是说,定义游标并没有形成记录集合,这些工作要在打开游标的操作中实现。打开游标的语法格式为:

OPEN {{[GLOBAL]cursor_name}

　　|cursor_variable_name}

③ 读取游标

打开游标后,因为游标的指针指向第一条记录前的位置,要对数据修改时,必须要移动游标使之指向相应的记录,这项工作是在推进游标。换言之,读取游标主要是改变指针在记录中的位置,其语法格式如下:

FETCH

[[NEXT|PRIOR|FIRST|LAST|ABSOLUTE {n|@nvar}|RELATIVE {n|@nvar}]

FROM]

{{[GLOBAL]cursor_name}|cursor_variable_name}

[INTO @variable_name[,…n]]

④ 关闭游标

在打开游标以后,SQL Server 服务器会专门为游标开辟一定的内存空间存放游标操作的数据结果集,同时游标的使用也会根据具体情况对某些数据进行封锁。所以,在不使用游标的时候,一定要关闭游标,以通知服务器释放游标结果集所占用的内存空间。关闭游标的语法格式如下:

CLOSE cursor_name

关闭游标后,可以再次打开游标,在一个批处理中,也可以多次打开和关闭游标。

⑤ 释放游标

当对游标的操作结束后,应当删除掉该游标,以释放所占用资源。其语法格式如下。

DEALLOCATE cursor_name

故此题答案为:定义游标、打开游标、读取游标、关闭游标和释放游标。

(10) 事务具有 4 个特性,分别是(　　　　)、一致性、隔离性和(　　　　)。

解答: 事务是数据库的一个操作系列。它包含了一组数据库操作命令,所有命令作为一个整体一起向系统提交或撤销,操作请求要么都执行,要么都不执行,因此事务是一个不可分割的工作逻辑单元。遇到错误时,可以回滚事务,取消事务内做的所有改变,从而保证数据库中数据的一致性和可恢复性。

事务的基本特性主要包括以下几个:

① 原子性:事务处理语句是一个整体,不可分割。

② 一致性:事务处理前后,数据库前后状态要一致。

③ 隔离性:多个事务并发处理互不干扰。

④ 持续性:事务处理完成后,数据库的变化将不会再改变。

故此题答案为:原子性、持续性。

二、选择题

(1) 下面哪个标识符是 SQL Server 合法的标识符( )。

    A. 1stu   B. stu□name   C. $ stu   D. @stu_1_2

解答:A 选项中标识符以数字开头,故不合法;B 选项标识符中包含□,故也不合法;C 选项标识符以 $ 开头,也不合法,只有 D 合法,故此题选 D。

(2) 以@@开头的标识符代表( )。

    A. 全局变量   B. 局部变量

    C. 临时表或存储过程   D. 全局临时对象

解答:在 SQL Server 中以@、♯开头的标识符表示不同对象:

① 以@开头的标识符代表局部变量。

② 以@@开头的标识符代表全局变量。

③ 以♯开头的标识符代表临时表或存储过程。

④ 以♯♯开头的标识符代表一个全局临时对象。

故此题选 A。

(3) 在一个批处理中声明、赋值和使用,在该批处理结束时失效的变量是( )。

    A. 全局变量   B. 存储变量

    C. 局部变量   D. 数据变量

解答:局部变量在一个批处理中声明、赋值和使用,在该批处理结束时失效;全局变量是由系统提供且预先声明的变量,其作用范围不仅限于某一程序,实际上,任何程序都可调用。选项 B 和 D 纯属凑数,故此题选 C。

(4) 下面哪个字符代表块注释( )。

    A. 两个双连字符(——)   B. 以/ * 开始,以 * /结束

    C. 以 * * 开始,以//结束   D. 两个♯♯字符

解答:注释符就两种,一种是两个双连字符(——),用于行注释;另一种是以/ * 开始,以 * /结束,用于块注释。故此题选 B。

(5) ( )可以用于数据类型转换。

    A. DECLARE   B. SET

    C. CASE   D. CAST

解答:数据类型转换函数有两个,分别是 CAST 和 CONVERT,它们语法格式如下。

```
CAST(expression as data_type[(length)])
CONVERT(data_type[(length)],expression)
```

故此题选 D。

(6) 有如下程序:

```
DECLARE @n int,@s int
SET @n=5
```

```
IF @n=5
SET @s=0
SET @s=1
PRINT @s
```

该程序的执行结果是(　　　　)。

A. 5　　　　　　　　　　　　　　B. 1

C. 0　　　　　　　　　　　　　　D. 程序出错

解答: 此题中的 IF 语句属于单分支,不管 IF 条件是否满足都要执行后续语句,即执行 SET @s=1,故此题执行结果是 1,选择 B。

(7) 游标总与一条 T-SQL 的(　　　　　　)相关联。

A. SELECT　　　　　　　　　　B. UPDATE

C. DELETE　　　　　　　　　　D. CREATE

解答: 游标是一种能从包括多条数据记录的结果集中每次提取一条记录的机制。游标总与一条 T-SQL 的 SELECT 语句相关联。因为游标由结果集(可以是零条、一条或由相关的 SELECT 语句检索出的多条记录)和结果集中指向特定记录的游标位置组成。故此题选择 A。选项 B 用于修改数据,选项 C 用于删除数据,选项 D 用于创建数据库或表等对象。

(8) 在 SQL Server 中能够实现面向单条记录数据处理的是(　　　　)。

A. 不带 WHERE 子句的 SELECT

B. 带 GROUP BY 子句的 SELECT

C. 游标

D. CREATE

解答: 关系数据库的实质是面向集合的,在 SQL Server 中并没有一种描述表中单一记录的表达形式。故在 SQL Server 中能够实现面向单条记录数据处理的是:在 SELECT 查询语句中使用 WHERE 子句来限制只有一条记录被选中或者使用游标两种方式。故此题选择 C。

(9) 释放游标的语句是(　　　　)。

A. DEALLOCATE cursor_name　　　B. RELEASE cursor_name

C. DELETE cursor_name　　　　　D. TRUNCATE cursor_name

解答: 释放游标的语句是:DEALLOCATE cursor_name,故此题选择 A,其余选项都是错误。

(10) 提交事务的语句是(　　　　)。

A. BEGIN TRANSACTION　　　　B. COMMIT TRANSACTION

C. ROLLBACK TRANSACTION　　D. SUBMIT TRANSACTION

解答: 默认情况下每一条 T-SQL 语句都是一个事务,运行时自动提交或回滚。涉及事务的语句主要有:BEGIN TRANSACTION 语句开始一个事务。

COMMIT TRANSACTION 语句提交事务。

ROLLBACK TRANSACTION 语句回滚事务,即恢复到事务开始时的状态。

故此题选择 B。

三、程序题

下面编程所涉及的表都从属于教学管理数据库 jxk,各表结构如下:

student(sno,sname,ssex,sbirthday,sclass,sentergrade)

grade(sno,cno,score)

course(cno,cname,credit)

(1) 编程实现,求 1～100 之间的偶数之和,并输出。

解答: Declare @s int,@i int

Set @s=0

Set @i=1

While @i<=100

begin

If(@i%2)=0

Begin

Set @s=@s+ @i

End

Set @i=@i+ 1

end

print @s

(2) 编程实现,查询 student 表中籍贯为"北京"的学生人数并输出,若没有则输出"不存在北京籍学生!"

解答:

DECLARE @n int

SELECT @n=count(*)

FROM student

WHERE snation='北京'

IF @n>0

BEGIN

    PRINT '北京籍学生人数为:'

    PRINT @n

  END

ELSE

    PRINT '不存在北京籍学生!'

(3) 下面程序的功能是计算 1～10 之间所有整数的平方和,并输出结果,请将程序补充完整。

解答:

DECLARE @n tinyint,@s int

SET @n=1

SET @s=0

```
WHILE @n<=10
  BEGIN
    (SET @s=@s+@n*@n)
    (SET @n=@n+1)
  END
PRINT @s
```

(4) 写出下面程序的执行结果。(1)

解答:

```
Declare @n tinyint
Set @n=1
While @n<50
  Begin
    Break
    Continue
    Set @n=@+1
  End
Print @n
```

(5) 编程实现:使用 CASE 语句显示每名学生大学英语成绩级别,其中"优秀"级别 90 分以上;"良好"级别在 80～89 之间;"中等"级别在 70～79 之间;"及格"级别在 60～69 之间;"不及格"级别在 60 分以下。

解答:

```
use jxk
SELECT sno AS 学号,scgrade AS 成绩,成绩级别=
  CASE
    WHEN scgrade>=90 and scgrade<=100 THEN '优秀'
    WHEN scgrade>=80 and scgrade<=89 THEN '良好'
    WHEN scgrade>=70 and scgrade<=79 THEN '中等'
    WHEN scgrade>=60 and scgrade<=69 THEN '及格'
  ELSE '不及格'
  END
FROM course JOIN grade
ON course.cno=grade.cno
WHERE cname='大学英语'
```

(6) 使用游标,完成对"李明"同学修的所有成绩的记录的逐条访问,要求显示姓名、课程名称和成绩。

解答:

```
DECLARE zg_cursor SCROLL CURSOR
FOR SELECT sname,cname,scgrade
FROM student JOIN grade ON student.sno=grade.sno
```

```
JOIN course on course.cno=grade.cno
WHERE sname='李明'
FOR READ ONLY                        /* 以上定义游标对象* /
OPEN zg_cursor                       /* 打开游标* /
FETCH NEXT FROM zg_cursor            /* 推进游标到结果集第一条记录* /
WHILE @@FETCH_STATUS=0
BEGIN
FETCH NEXT FROM zg_cursor            /* 读取游标下一条记录* /
END
CLOSE zg_cursor                      /* 关闭游标* /
DEALLOCATE zg_cursor                 /* 释放游标* /
GO
```

(7) 声明一个游标 s_cur,用于读取 student 表中籍贯为"辽宁"同学的信息,并将第 2 个同学的班级修改为'测绘 096'。

解答:

```
USE jxk
GO
DECLARE s_cur SCROLL CURSOR
FOR SELECT *
FROM student
WHERE snation='辽宁'
OPEN s_cur
FETCH ABSOLUTE 2 FROM s_cur
UPDATE student
SET sclass='测绘 096'
WHERE CURRENT OF s_cur
CLOSE s_cur
DEALLOCATE s_cur
GO
```

习题 6

一、填空题

(1) 如果一个索引是由多个列组成的,那么这种索引称为( )。

解答:在 SQL Server 中依据创建索引的语句实施在一列或多列上,将所创建的索引又分成单一索引和复合索引。单一索引是指索引列为一列的情况,即新建索引的语句只实施在一列上。用户可以在多个列上建立索引,这种索引叫作组合索引又称复合索引。

故此题答案为组合索引或复合索引。

(2) 利用 T-SQL 语句更改索引名称,使用的命令是( )。

解答:利用 T-SQL 语句更改索引名称是使用系统存储过程 sp_rename。

故此题答案是:sp_rename。

(3) 删除在 teacher 表中创建的 t_index 索引,使用的命令是( )。

解答:使用 DROP INDEX 语句删除索引,其语法格式为:

DROP INDEX table_index [,…n]

故此题答案为:DROP INDEX teacher. t_index。

(4) 创建和修改视图有两种方法:使用"对象资源管理器"和( )。

解答:创建和修改视图有两种方法:使用"对象资源管理器"和 T-SQL 命令。

故此题答案为:T-SQL 命令。

(5) 视图即可查询数据也可以修改原数据表中的数据,但是当创建视图时含有 GROUP BY 子句,视图就只能( ),不能( )。

解答:此题答案为:查询,修改。

(6) 索引顺序与数据表存储顺序不一致,这样的索引称为( )。

解答:SQL Server 中索引分为聚集索引和非聚集索引两种基本类型。

① 聚集索引指的是索引中键值的逻辑顺序与表中相应行的物理顺序相同。一个表只能有一个聚集索引。若表中设置某列为主键后,系统会自动创建一个以该键为索引关键字的聚集索引。

② 非聚集索引不改变表中数据的物理存储顺序,索引与数据分开存储,索引中包含指向数据存储位置的指针。在创建索引时可指定索引键为升序或是降序存储。一个数据表中可以有多个非聚集索引。

故此题答案为:非聚集索引。

(7) 在创建表时,指定为 UNIQUE 的字段,系统会自动创建相应的索引,这样的索引称为( )。

解答:按索引键值是否唯一可将索引分为唯一索引和非唯一索引。

① 唯一索引:索引关键字的键值没有重复值的索引。

② 非唯一索引:键值有重复值的索引。

其中唯一索引在创建时需指定为 UNIQUE 的字段。故此题答案为:唯一索引。

二、选择题

(1) SQL Server 中的视图的类型,不包括(　　　　)。

　　A. 标准视图　　　　B. 索引视图　　　　C. 分区视图　　　　D. 远程视图

解答:视图是一个定制的虚拟表,它是从一个已经存在或多个相关的数据表或视图中根据需要组织起来的查看数据的一个窗口,通过它可以查看表中感兴趣的内容。视图之所以叫虚拟表,是因为视图中不保存任何记录,即视图中的数据没有物理表现形式。由于视图来源于数据表,所以视图和真实的数据表一样可以创建、更新与删除。SQL Server 2014 中视图分为三类,分别是:标准视图,索引视图,分区视图。故此题选 D。

(2) (　　　　)是一个虚拟的表,其中的数据没有物理表现形式。

　　A. 索引　　　　B. 视图　　　　C. 库文件　　　　D. 存储文件

解答:视图之所以叫虚拟表,是因为视图中不保存任何记录,即视图中的数据没有物理表现形式。故此题选 B。

(3) 在下面关于视图的描述中,(　　　　)是不正确的。

　　A. 视图的数据来源于基表　　　　　　B. 视图可以方便用户的查询操作

　　C. 有的视图数据是可以被更新的　　　D. 视图与基表是一一对应的

解答:由上面视图的定义中可知,视图的数据来源于基本的数据表,故选项 A 正确;选项 B 也是正确的;通过视图可以实现对表中的数据进行更新,故选项 C 也是正确的;因为视图中的数据根据需要从基本表或视图中提取出来,故 D 中强调的"一一对应"是错误的,故此题选 D。

(4) 建立索引的目的是(　　　　)。

　　A. 提高查询速度　　　　　　　　　　B. 重新排列数据行的顺序

　　C. 为了更好地编辑记录　　　　　　　D. 为了更好地计算

解答:索引被定义成是数据表中数据和相应的存储位置的列表,利用索引可以提高在表或视图中查找数据的速度。故此题选 A。

(5) 当(　　　　)时,视图可以向基本表插入记录。

　　A. 视图所依赖的基本表有多个　　　B. 视图所依赖的基本表只有一个

　　C. 视图所依赖的基本表只有两个　　　C. 视图所依赖的基本表最多有 5 个

解答:视图虽是虚拟表,但可以像使用基本表一样,进行插入、更新和删除记录的操作。当用户修改视图中的数据时,其实更改的是其对应的基本表的数据。

使用视图修改记录时要注意以下限制条件:

① 不能修改基于多个表创建的视图。

② 不能修改含有计算字段的视图,包括基于算术表达式或聚合函数的字段创建的视图。

③ 没有基本表主键的视图不能插入记录,但是可以执行 UPDATE 和 DELETE 操作。

④ 在视图中进行插入、更新和删除操作时要遵守基本表的完整性约束条件。

故此题选 B。

(6) 在职工表上,建立一个以姓名、工资为索引项的复合索引 xmgz_index,那么在这个索引中索引项的次序是( )。

    A. 按照插入次序

    B. 按照姓名顺序

    C. 首先按照姓名排序,在姓名列值相同的情况下,再按照工资排序

    D. 按照姓名升序,再按照姓名降序

解答: 在 SQL Server 中依据创建索引的语句实施在一列或多列上,将所创建的索引又分成单一索引和复合索引。单一索引是指索引列为一列的情况,即新建索引的语句只实施在一列上。用户可以在多个列上建立索引,这种索引叫作组合索引(复合索引)。组合索引的创建方法与创建单一索引的方法完全一样。但组合索引在数据库操作期间所需的开销更小,可以代替多个单一索引。当表的行数远远大于索引键的数目时,使用这种方式可以明显加快表的查询速度。在复合索引的情况下,索引项的次序会先按照第一列进行排列,第一列值相同的情况下再依照第二列进行排列,依次类推。

故此题选 C。

习题 7

一、填空题

（1）创建存储过程的关键字是（　　　　）。

解答：创建存储过程的关键字是 CREATE PROCEPURE，故此空填 CREATE PROCEPURE。

（2）执行存储过程用（　　　　）。

解答：执行存储过程用 DROP PROCEPURE，故此空填 DROP PROCEPURE。

（3）删除存储过程用（　　　　）。

解答：删除存储过程用 DROP，故此空填 DROP。

（4）存储过程必须先（　　　　）后使用。

解答：存储过程必须先定义后使用，故此空填定义。

二、选择题

（1）在 SQL 语言中，创建用户自定义函数的命令为（　　　　）。

    A. CREATE VIEW　　　　　　B. CREATE INDEX

    C. CREATE FUNCTION　　　　D. ALTER FUNCTION

解答：在 SQL 语言中，创建用户自定义函数的命令为 CREATE FUNCTION，故此题选 C。

（2）在 SQL 语言中，创建存储过程的命令为（　　　　）。

    A. CREATE VIEW　　　　　　B. CREATE INDEX

    C. CREATE PROCEDURE　　　D. CREATE FUNCTION

解答：在 SQL 语言中，创建存储过程的命令为 CREATE PROCEDURE，故此题选 C。

（3）在 SQL SERVER 服务器上，存储过程是一组预先定义并（　　　　）的 T-SQL 语句。

    A. 保存　　　　　　B. 编译　　　　　　C. 解释　　　　　　D. 编写

解答：在 SQL SERVER 服务器上，存储过程是一组预先定义并编译的 T-SQL 语句，故此题选 B。

（4）对于下面的存储过程：

```
CREATE PROCEDURE MYP1
@p INT
AS
SELECT sname,sentergrade
```

FROM student

WHERE sentergrade=@p

如果在 student 表中查找入学成绩为 597 分的学生,正确调用存储过程的是( )。

    A. EXEC MYP1 @P=′597′   B. EXEC MYP1 @P=597

    C. EXEC MYP1 P=′597′   D. EXEC MYP1 P=597

解答: 执行存储过程的命令是 EXCEUTE,此题选 B。

三、操作题

(1)在 jxk 数据库中,创建一个名为 stu_age 的存储过程,该存储过程根据输入的学号,输出该学生的生日。

解答:

```
USE jxk
GO
CREATE PROCEDURE stu_age @s_no char(10)
AS
SELECT sbirthday FROM student WHERE sno=@s_no
```

(2)在 jxk 数据库中,创建一个名为 grade_info 的存储过程,其功能是查询某门课程的所有学生成绩。显示字段为:cname,sno,sname,scgrade。

解答:

```
USE jxk
GO
CREATE PROCEDURE grade_info
@c_name varchar(50)
AS
SELECT cname, grade.sno, sname, scgrade FROM student JOIN grade ON
student.sno=grade.sno JOIN coruse ON grade.cno=course.cno AND cname=@c_name
```

(3)在 jxk 数据库中,创建用户定义函数 c_max,根据输入的课程名称 cname,输出该门课程最高分数。

解答:

```
USE jxk
GO
CREATE FUNCTION c_max(@c_name varchar(50))
RETURNS REAL
AS
BEGIN
DECLARE @s_max REAL
SELECT @s_max=MAX(scgrade) FROM grade JOIN course ON grade.cno=
course.cno AND cname=@c_name
```

```
RETURN @S_MAX
```

（4）在 jxk 数据库中，创建用户定义函数 sno_info，根据输入的课程代码 cno，输出选修该门课程的学生学号、姓名、性别。

解答：

```
USE jxk
GO
CREATE FUNCTION sno_info(@c_no char(6))
RETURNS TABLE
AS
RETURN (SELECT student.sno,sname,ssex
FROM student JOIN grade
ON student.sno=grade.sno AND grade.sno=@c_no)
GO
```

习题 8

一、填空题

(1) 触发器是一种特殊的( )，在特定的事件发生时自动执行。

解答：触发器是一种特殊的存储过程，在特定的事件发生时自动执行。存储过程和触发器都是 SQL 语句和流程控制语句的集合，存储过程通过存储过程的名字被直接调用，而触发器主要通过事件进行触发而被执行。故此空填：存储过程。

(2) 触发器主要包括( )和( )。

解答：触发器主要包括三大类，分别是：

① 数据操纵语言(Data Manipulation Language，DML)触发器，DML 触发器是我们常见的一种触发器，当数据库服务器中发生 DML 事件时会自动执行。

② 数据定义语言(Data Definition Languade，DDL)触发器，DDL 触发器是一种新型的触发器，它在响应 DDL 语句时触发，一般用于数据库中执行管理任务。

③ 登录触发器，登录触发器是指用户登录 SQL Server 实例，建立会话时触发。

实际使用过程中，DML 触发器和 DDL 触发器使用较多。故此题答案为：DML 触发器和 DDL 触发器。

(3) DML 触发器主要包括 3 种类型分别是( )、( )和( )。

解答：DML 触发器主要包括以下几种类型：

① AFTER 触发器：在执行了 INSERT、UPDATE 或 DELETE 语句操作之后执行 AF-TER 触发器。

② INSTEAD OF 触发器：是用来取代原本的操作，在事件发生之前触发，这样它并不执行原先的 SQL 语句，而是按照触发器中的定义操作。

③ CLR 触发器：CLR 触发器可以是 AFTER 触发器或 INSTEAD OF 触发器。CLR 触发器还可以是 DDL 触发器。CLR 触发器将执行在托管代码(在. NET Framework 中创建并在 SQL Server 中上载的程序集的成员)中编写的方法，而不用执行 T-SQL 存储过程。

故此题答案为：AFTER 触发器、INSTEAD OF 触发器和 CLR 触发器。

(4) DDL 触发器在( )、( )、( )和其他 DDL 语句上操作，用于执行管理任务。

解答：DDL 触发器是一种特殊的触发器，它在响应数据定义语言(DDL)语句时触发。DDL 触发器在 CREATE、ALTER、DROP 和其他 DDL 语句上操作，用于执行管理任务。它们应用于数据库或服务器中某一类型的所有命令。

故此题答案为：CREATE 、ALTER、DROP。

(5) DML 触发器和 DDL 触发器都可以通过执行( )语句禁用触发器。

解答：当用户创建的触发器不需要使用时，可以禁用触发器。当触发器被禁用后，仍存储在数据库中，当相关事件发生时，触发器不再被激活。若想使该触发器仍发挥作用，可以对被禁用的触发器采取启用操作。重新启用后，当相关事件发生时，触发器可以正常被激活。

DML 触发器和 DDL 触发器都可以通过执行 DISABLE TRIGGER 语句禁用触发器。

故此题答案为：DISABLE TRIGGER。

二、选择题

（1）关于触发器叙述正确的是（   ）。

    A. 触发器是可自动执行的，但需要一定条件下触发

    B. 触发器不属于存储过程

    C. 触发器不可以同步数据库的相关表进行级联更改

    D. SQL 不支持 DML 触发器。

解答：由上面填空题解答中触发器的定义和触发器的分类可知，只有选项 A 是正确的，故此题选 A。

（2）下列（   ）不是 DML 触发器

    A. AFTER   B. INSTEAD OF

    C. CLR   D. UPDATE

解答：DML 触发器主要包括 AFTER 触发器、INSTEAD OF 触发器、CLR 触发器。故只有选项 D 不是 DML 触发器，故此题选择 D。

（3）按触发事件不同将触发器分为两大类：DML 触发器和（   ）触发器。

    A. DDL   B. CLR

    C. DDT   D. URL

解答：按触发事件不同将触发器分为两大类：DML 触发器和 DDL 触发器。故此题选 A。

（4）使用 T-SQL 语句删除一个触发器时使用（   ）TRIGGER 命令关键字。

    A. KILL   B. DELETE

    C. AFTER   D. DROP

解答：使用 T-SQL 语句删除一个触发器时使用 DROP TRIGGER 命令关键字。故此题选 D。

（5）删除触发器 tri_user 的正确命令是（   ）。

    A. DELETE TRIGGER tri_user

    B. TRUNCATE TRIGGER tri_user

    C. DROP TRIGGER tri_user

    D. REMOVE TRIGGER tri_user

解答：删除触发器的语法格式为：

DROP TRIGGER trigger_name[,… n] ON{ ALL SERVER|DATABASE}

故此题选择 C。

三、编程题

(1) 在教学管理库 jxk 中创建一个 INSERT 触发器 tr_c_insert,当在 course 表中插入一条新记录时,触发该触发器,并给出"插入了一门新课程!"的提示信息。

解答:

```
CREATE TRIGGER tr_c_insert
ON course
AFTER
INSERT
AS
PRINT '插入了一门新课程!'
```

(2) 在教学管理数据库 jxk 中创建一个触发器,要求实现以下功能:在 grade 表上创建一个插入、更新类型的触发器 tr_grade,当在 scgrade 字段中插入或修改成绩后,触发该触发器,检查分数是否在 0~100 之间。

解答:

```
CREATE TRIGGER tr_grade
ON grade
AFTER
INSERT,UPDATE
AS
DECLARE @ sc_grade int
SELECT @ sc_grade=scgrade
FROM grade
IF (@ sc_grade NOT BETWEEN 0 AND 100)
PRINT '你插入的成绩不在 0~ 100 之间!'
GO
```

(3) 创建一个触发器 tri_del_student 用于监视教学管理数据库 jxk 中 student 表中信息的删除,当发生删除动作时,不执行删除操作并向客户端发出提示,输出"student 表中信息试图被删除"。

解答:

```
CREATE TRIGGER tri_del_student
ON student
INSTEAD OF DELETE
AS
PRINT 'student 表中信息试图被删除'
```

习题 9

一、填空题

（1）SQL Server 中存在三种安全对象范围，分别是（　　　　）、（　　　　）和架构。

解答：SQL Server 中存在三种安全对象范围，分别是服务器、数据库和架构。故此题答案为：服务器、数据库。

（2）SQL Server 2014 提供了两种对用户进行身份验证的模式，即（　　　　）和（　　　　）。

解答：SQL Server 2014 提供了两种对用户进行身份验证的模式，即 Windows 验证模式和混合验证模式。身份验证是指确定登录 SQL Server 的用户的登录帐户（也称为"登录名"）和密码是否正确，以此来验证是否具有连接 SQL Server 的权限。故此题答案为：Windows 验证模式、混合验证模式。

（3）使用系统存储过程（　　　　）删除 SQL Server 登录帐户。

解答：删除 SQL Server 登录帐户使用系统存储过程 sp_droplogin，故此空填：sp_droplogin。

（4）SQL Serve 2014 中的权限包括 3 种类型，即（　　　　）、（　　　　）和隐含权限。

解答：SQL Serve 2014 中的权限包括 3 种类型，即语句权限、对象权限和隐含权限。

① 语句权限

语句权限是创建数据库或数据库中的对象时需要设置的权限，这些语句通常是一些具有管理性的操作，如创建表、视图、存储过程等。

② 对象权限

对象权限是指为特定对象、特定类型的所有对象设置的权限，这些对象包括表、视图、存储过程等。

③ 隐含权限

隐含权限是系统预先授予预定义角色的权限，即不需要授权就拥有的权限。例如，sysadmin 固定服务器角色成员自动继承这个固定角色的全部权限。

故此题答案为：语句权限、对象权限。

（5）在 SQL Server 中有两类角色，分别为（　　　　）和（　　　　）。

解答：在 SQL Server 中，角色是为了方便进行权限管理所设置的管理单位，它是一组权限的集合。将数据库用户按所享有的权限进行分类，即可定义为不同的角色。管理员可以根据用户所具有的角色进行权限管理，从而大大减少工作量。在 SQL Server 中有两类角色，分别为固定角色和用户自定义角色。

故此题答案为：固定角色和用户自定义角色。

二、选择题

(1) 关于 SQL Server 2014 的数据库角色叙述正确的是(　　　　　)。

　　A. 用户可以自定义固定服务器角色

　　B. 每个用户能拥有一个角色

　　C. 数据库角色是系统自带的,用户一般不可以自定义

　　D. 角色用来简化将很多权限分配给很多用户这个复杂任务的管理

解答: 在 SQL Server 中,角色是为了方便进行权限管理所设置的管理单位,它是一组权限的集合。固定角色权限无法更改,它又分为固定服务器角色和固定数据库角色。其中固定服务器角色由系统预定义,用户不能自定义。固定数据库角色是指角色的数据库权限已被 SQL Server 预定义,不能对其权限进行任何修改,并且这些角色存在于每个数据库中。如果为某些数据库用户设置相同的权限,但是这些权限不同于固定数据库角色所具有的权限时,可以定义新的数据库角色来满足这一要求,这就是用户定义数据库角色。用户定义数据库角色使这些用户能够在数据库中实现某些特定功能。

由上述关于角色的内容可知,选项 A、B、C 都是错误的,故此题选择 D。

(2) 在 SQL 中,授权命令关键字是(　　　　　)。

　　A. GRANT　　　　　　　　　　　B. REVOKE

　　C. OPTION　　　　　　　　　　　D. PUBLIC

解答: 在 SQL 中,授权命令关键字是 GRANT,故此题选 A。选项 REVOKE 是撤销权限,选项 C 和选项 D 均错误。

(3) SQL Server 2014 主要有固定(　　　　　)与固定数据库角色等类型。

　　A. 服务器角色　　　　　　　　　B. 网络角色

　　C. 计算机角色　　　　　　　　　D. 信息管理角色

解答: 在 SQL Server 中,固定角色权限无法更改,它又分为固定服务器角色和固定数据库角色。故此题选择 A。

(4) 下列(　　　　　)是固定服务器角色。

　　A. db_accessadmin　　　　　　　B. sysadmin

　　C. db_owner　　　　　　　　　　D. db_dlladmin

解答:

固定服务器角色及说明如下表所示。

固定服务器角色	说　　明
bulkadmin	批量数据输入管理员角色:拥有管理批量输入大量数据操作的权限
dbcreator	数据库创建角色:拥有数据库创建的权限
diskadmin	磁盘管理员角色:拥有管理磁盘文件的权限
processadmin	进程管理员角色:拥有管理 SQL Server 系统进程的权限
public	公共数据库连接角色:默认所有用户都拥有该角色,即可以连接到数据库服务器权限
securityadmin	安全管理员角色:拥有管理和审核 SQL Server 系统登录的权限
setupadmin	安装管理员角色:拥有增加、删除链接服务器、建立数据库复制以及管理扩展存储过程的权限
sysadmin	系统管理员角色:拥有 SQL Server 系统所有权限

故此题选择 B。

（5）在 T-SQL 中主要使用 GRANT、（　　　　）和 DENY 语句来管理权限。

    A. REVOKE   B. DROP

    C. CREATE   D. ALTER

解答：在 T-SQL 中主要使用 GRANT 授予权限，DENY 拒绝权限，REVOKE 撤销权限来实现对权限的管理。故此题选择 A。

（6）SQL Server 2014 中，权限分为对象权限、（　　　　）和隐式权限。

    A. 处理权限   B. 操作权限

    C. 语句权限   D. 控制权限

解答：SQL Serve 2014 中的权限包括 3 种类型，即语句权限、对象权限和隐含权限。故此题选择 C。

（7）在 T-SQL 中，添加服务器角色成员的语句为（　　　　）

    A. sp_dropsrvrrolemember   B. sp_addsrvrrolemember

    C. sp_addrole   D. sp_addrolemember

解答：在 T-SQL 中，添加服务器角色成员的语句为 sp_addsrvrrolemember，故此题选 B。

（8）在 T-SQL 中，创建登录名的语句关键字为（　　　　）

    A. sp_adduser   B. CREATE ROLE

    C. CREATE LOGIN   D. CREATE USER

解答：在 T-SQL 中，创建登录名的语句关键字为 CREATE LOGIN，故此题选择 C。

习题 10

一、填空题

(1) SQL Server 2014 提供了 4 种备份类型,(　　　　)、(　　　　)、(　　　　)、文件或文件组备份。

解答:SQL Server 2014 提供了 4 种备份类型,分别是完整备份、差异备份、事务日志备份、文件或文件组备份。

故此题答案是:完整备份、差异备份、事务日志备份。

(2)(　　　　)是用来存储数据库、事务日志或文件和文件组备份的存储介质。

解答:数据库备份之前必须首先创建备份设备。备份设备是用来存储数据库、事务日志或文件和文件组备份的存储介质。备份设备可以是硬盘、磁带或命名管道(逻辑通道)。本地主机硬盘和远程主机的硬盘可作为备份设备,备份设备在硬盘中是以文件的方式存储的。

故此空填:备份设备。

(3)(　　　　)是操作系统用来标识备份设备的名称,(　　　　)是用来标识物理备份设备的别名或公用名称,以简化物理设备的名称。

解答:SQL Server 使用物理设备名称或逻辑设备名称来标识备份设备。物理备份设备是操作系统用来标识备份设备的名称,这类备份设备称为临时备份设备,其名称没有记录在系统设备表中,只能使用一次。

逻辑设备备份是用来标识物理备份设备的别名或公用名称,以简化物理设备的名称。这类备份设备称为永久备份设备,其名称永久的存储在系统表中,可以多次使用。

故此空填:物理备份设备,逻辑设备备份。

(4)(　　　　)是指将数据库备份加载到数据库系统的过程。

解答:数据库恢复是指将数据库备份加载到数据库系统的过程,是与备份相对应的操作,备份是还原的基础,没有备份就无法还原。备份是在系统正常的情况下执行的操作,恢复是在系统非正常情况下执行的操作,恢复相对要比备份复杂。

故此空填:数据库恢复。

(5)(　　　　)是从 SQL Server 的外部数据源中检索数据,然后将数据插入到 SQL Server 数据库指定表的过程。

解答:导入数据是从 SQL Server 的外部数据源中检索数据,然后将数据插入到 SQL Server 数据库指定表的过程。

导出数据是将 SQL Server 实例中的数据导出为某些用户指定格式的过程,如将 SQL Server 表的内容复制到 Excel 表格中。

故此空填：导入数据。

二、选择题

(1) 数据的导入是指在不同应用间按( )读取数据而完成数据输入的交换过程。

    A. 特殊效果　　　　　　　　　　B. 特殊格式

    C. 普通文件　　　　　　　　　　D. 普通格式

解答：数据的导入是指在不同应用间按普通格式读取数据而完成数据输入的交换过程，故此题选 D。

(2) SQL Server 中有( )数据库备份和事务日志备份 3 种备份方法。

    A. 一组与差异　　　　　　　　　B. 通用与部分

    C. 完整与差异　　　　　　　　　D. 相同与差异

解答：常用的数据库备份有完整与差异备份和事务日志备份 3 种。故此题选择 C。

(3) 备份设备是用来存储数据库事务日志等备份的( )。

    A. 存储介质　　　　　　　　　　B. 通用磁盘

    C. 存储纸带　　　　　　　　　　D. 外围设备

解答：备份设备是用来存储数据库、事务日志或文件和文件组备份的存储介质。故只有选项 A 是正确的。

(4) sp_addumpdevice 是用来创建( )的存储过程语句。

    A. 外围设备　　　　　　　　　　B. 通用设备

    C. 复制设备　　　　　　　　　　D. 备份设备

解答：用户可以使用系统存储过程 sp_addumpdevice 来创建备份设备。故选项 D 正确。

(5) 关于几种备份类型，下列说法错误的是( )。

    A. 如果没有执行完整数据库备份，就无法执行差异数据库备份和事务日志备份

    B. 差异备份是指将从最近一次完整数据库备份以后发生改变的数据进行备份

    C. 利用事务日志进行恢复时，不可以指定恢复到某一事务

    D. 当一个数据库很大时，对整个数据库进行备份可能花很多时间，这时可以采用文件和文件组备份

解答：SQL Server 2014 提供了 4 种备份类型，分别是完整备份、差异备份、事务日志备份、文件或文件组备份。

① 完整备份是定期备份整个数据库，包括事务日志。当系统出现故障时，可以恢复到最近一次数据库备份时的状态，操作比较简单，在恢复时只需要一步就可以将数据库恢复到以前的状态，但时间较长，是大多数数据备份的常用方式。

② 差异备份，也叫增量备份。只备份自上次数据库备份后发生更改的部分数据库。比完整数据库备份更小、更快，但将增加复杂程度。对于一个经常修改的数据库，建议每天做一次差异备份。

③ 事务日志备份。事务日志记录了两次数据库备份之间所有的数据库活动记录。当系统出现故障后，能够恢复所有备份的事务。在两次完全数据库备份期间，可以频繁使用，尽量减少数据丢失的可能。

④ 文件或文件组备份是单独备份组成数据库的文件和文件组,在恢复数据库时可以只恢复遭到破坏的文件和文件组,而不是整个数据库,恢复的速度最快。

故选项 C 说法有误。